VOYAGE

AU MONTAMIATA

ET

DANS LE SIENNOIS.

TOME PREMIER.

VOYAGE
AU MONTAMIATA
ET
DANS LE SIENNOIS,

CONTENANT *des Observations nouvelles sur la formation des Volcans, l'Histoire géologique, minéralogique et botanique de cette partie de l'Italie.*

Par le Docteur GEORGE SANTI, Professeur d'Histoire naturelle à l'Université de Pise.

Traduit par BODARD, Docteur-Médecin, de la Société des Géorgophiles de Florence.

AVEC FIGURES.

TOME PREMIER.

LYON,

BRUYSET AINÉ et Comp.

AN 10. (1802)

INTRODUCTION.

LA Toscane offre au Naturaliste un champ peu vaste par son étendue, mais riche et très-fertile par sa position, par le nombre et la variété de ses productions.

Baignée dans toute sa longueur par la mer, elle est bornée du côté opposé par l'Apennin qui se divise, de distance en distance, en divers rameaux de montagnes primitives. Elle renferme plusieurs volcans éteints, beaucoup de montagnes de seconde et de nouvelle formation, des collines, des plaines et des vallées, diversifiées de mille manières agréables. On y voit des fontaines extrêmement limpides, des torrens rapides, des fleuves et des lacs.

Cette variété de sites, la rend abondante en animaux de tout genre, en plantes, en mines métalliques, soufres, bitumes, pierres rares, en sels, et en diverses sortes d'eaux minérales.

On ne doit pas être étonné, qu'un pays aussi intéressant ait excité la curiosité des Savans; leurs observations ont fait connoître notre pays, et en ont développé les richesses. La réputation qu'ils se sont si justement acquise, est bien faite pour porter l'émulation à de nouvelles recherches.

En effet, sans faire mention des mémoires, des relations, et des voyages de quelques Auteurs étrangers qui parlent de la Toscane, qui ne cherchant à voir qu'à la hâte, jugent de même; et croyant avoir tout fait, courent promptement d'un pays à l'autre, sans daigner rien approfondir, nous avons eu des Observateurs vraiment laborieux, auxquels nous devons la connoissance d'une foule de productions naturelles de notre patrie.

Vannoccio Biringucci Siennois, en nous donnant des observations très-utiles sur les minéraux de la Toscane, a été le premier à se livrer à ce genre de travail, dans un temps où on faisoit peu de cas parmi nous des sciences naturelles.

On trouve de temps en temps dans le Commentaire de *Pierre-André Matthiole*, sur *Dioscoride*, des notions sur les minéraux et sur les végétaux de la Toscane, particulièrement sur ceux de l'État de Sienne. Quoique cet ouvrage soit aujourd'hui presque sans utilité pour les amateurs de l'histoire naturelle, il n'est pas moins vrai que sa nouveauté, les recherches savantes et pénibles de l'Auteur, lui ont procuré dans le temps beaucoup de célébrité.

La minéralogie Toscane et la botanique ont exercé le talent de l'*Arétin Césalpin*, qui eut le mérite d'avoir imaginé le premier un systême de botanique, fondé sur les parties de la fructification.

Pierre Micheli Florentin, doué d'un génie rare, laborieux, et plein d'ardeur pour l'histoire naturelle, s'est distingué dans ce siècle par ses recherches et par ses ouvrages, qui seront toujours d'un grand prix pour les Naturalistes. Nous lui sommes redevables de nous avoir fait connoître d'une manière plus exacte, les productions végétales de la Toscane. Nous avons d'autant plus à regretter que la mort l'ait si-tôt enlevé, qu'elle nous a privé d'un grand nombre d'ouvrages qui eussent jeté un grand jour sur la botanique, et qui, restés imparfaits dans son porte-feuille, y ont vieilli, sans jamais voir le jour.

A *Micheli*, succéda *Jean Targioni Tozzetti* son disciple, héritier de sa bibliothèque, de ses manuscrits, de ses collections, et sur-tout de son zèle pour l'histoire naturelle. Cet homme infatigable, que nous avons perdu il y a peu d'années, s'est dis-

tingué par plusieurs Ouvrages très-intére
sans. Sans en faire ni l'analyse ni l'éloge
je me contenterai de parler de ses voyag
en Toscane, imprimés d'abord en six vo
lumes, et augmentés du double dans
seconde édition qui en a paru.

Les Voyages de *Targioni* sont entre l
mains de tout le monde ; et, quoiqu
écrits en langue Toscane, ils ont é
recherchés avec empressement par l
étrangers qui se sont fait un plaisir d'a
prendre une langue qui les mettoit da
le cas d'entendre *Targioni*. Le princip
objet de ses voyages, avoit été l'histoi
naturelle, pour laquelle *Micheli* lui avo
donné beaucoup de goût ; mais ce go
fut balancé dans la suite par celui des mo
numens de l'histoire et de l'antiquité : c
l'histoire particulière des lieux qu'il a vis
tés, la partie des antiquités, et d'autr
recherches également savantes, compose
au moins les deux tiers de son ouvrag
Les Naturalistes auroient préféré sans dou
qu'il eût donné plus de temps et d'attentio
aux objets d'histoire naturelle, à laquel
il paroissoit avoir destiné son travail.

Personne assurément n'est plus pénétr
que moi d'admiration, et n'apprécie mieu
les vastes connoissances, la profonde éru

dition, et la pureté de style de ce savant
Auteur ; mais il faut avouer, qu'il est
bien loin d'avoir donné une histoire
naturelle complète de la Toscane. Dans
le temps où il écrivoit, cette science
n'étoit pas parvenue au point où nous la
voyons aujourd'hui ; on n'avoit pas encore
jeté les fondemens qui ont servi à la fixer
et à la mettre à la portée de tout le monde.
Lorsque toutes les parties de l'histoire
naturelle eurent enfin des principes stables
et des méthodes sûres, l'Auteur étoit
parvenu à cet âge où on jouit de ses étu-
des, où l'on fait d'heureuses applications
des connoissances acquises, mais où l'on n'ap-
prend presque plus rien de nouveau. Il étoit
arrivé à cette époque, où l'esprit moins vivement affecté, retient plus difficilement ;
et où il en coûte de renoncer aux théories
que l'on s'étoit formées avec beaucoup de
travail, devenues chères par ce motif, et
familières par l'habitude ; le physique fati-
gué par une vie trop active, ou par des
méditations trop assidues, demande à cette
époque, une tranquillité et un repos presque absolus.

Au temps où *Targioni* faisoit ses voyages,
la chimie devenue depuis le guide du
Minéralogiste, alors par l'imperfection de

ses procédés , par l'incertitude et l'obscurité de ses résultats, ne lui offroit presqu'aucun secours. Quand on lit la partie minéralogique de ses Voyages, on sent combien il auroit pu rectifier et enrichir cette partie de ses recherches , si la chimie eût éclairé sa marche.

Il faut ajouter que l'Auteur très-occupé par la pratique de la Médecine , par la charge de Bibliothécaire *della Magliabechiana*, et par la composition de divers autres Ouvrages, par lesquels il a si bien mérité des sciences et des belles-lettres, ne vit dans ses courses qu'une partie de la Toscane, n'observa que très-rapidement le peu d'endroits qu'il a visités, et qu'il fut obligé, le plus souvent, de s'en rapporter à des indications données par des personnes ou peu instruites, ou peu fidelles dans leurs relations.

Il y a d'ailleurs dans ses Voyages, beaucoup de lacunes, et les articles des lieux mêmes qu'il a décrits avec le plus de détail laissent encore beaucoup à désirer.

D'après cela , malgré les savantes recherches de *Targioni*, et les services essentiels qu'il a rendus, on peut assurer sans témérité que la Toscane est encore un champ fertile et nouveau en grande partie pour le Naturaliste.

M. le Professeur *Pierre Rossi* mon collègue, en offre une preuve bien frappante dans la magnifique entomologie Étrusque, qu'il a publiée dernièrement : ouvrage recommandable par le grand nombre d'insectes nouveaux qu'il présente, par la précision et l'exactitude de ses descriptions, et par la beauté et la vérité de ses gravures enluminées.

Un autre exemple des richesses que présente la Toscane à l'Observateur philosophe, se trouve dans l'ouvrage oryctologique du Professeur *Dom Soldani*, sur les coquilles microscopiques de la Toscane. C'est un travail fait avec le plus grand soin, qui a demandé une constance infatigable, et qui peut devenir fécond en conséquences très-intéressantes pour l'histoire des vicissitudes arrivées au globe terrestre.

J'ai donc lieu de me flatter qu'on ne trouvera pas étrange, que j'aie essayé de faire des recherches dans un pays, où *Targioni* a su se faire un nom si distingué.

Passionné pour l'histoire naturelle, ayant besoin, par tempérament et par habitude d'une vie active, je n'aurois pu me borner aux travaux monotones et sédentaires de la place que je remplis ; jamais je n'aurois pu me condamner à passer au fond de mon cabinet le temps des vacances de l'Université à laquelle je suis attaché. J'ai donc aussi voyagé ; mais mes voyages, destinés à acquérir une parfaite connoissance des productions de ma patrie et à en faire en même temps une ample collection , ne s'étendent pas au-delà de la Toscane.

Je sais très-bien qu'on ne fait pas communément grand cas de ceux qui , sans sortir de leur pays, ne s'occupent qu'à en faire connoître les productions et à en développer les avantages , tandis que l'on admire et que l'on envie même le sort de ceux qui vont promener leur curiosité , et souvent leur insuffisance dans des régions plus éloignées.

Je sais que pour plaire au vulgaire , il ne suffit pas de faire des narrations simples et fidelles ; qu'au contraire , il lui faut présenter des choses merveilleuses , des tempêtes épouvantables , des naufrages sur des côtes inconnues et désertes : il faut que des hommes à longue queue , des géans , des pigmées , des cannibales qui tiennent des boucheries de chair humaine , de grands singes qui enlèvent des filles , les entretiennent des années entières dans les bois, et leur prodiguent des caresses excessives, embellissent les relations; il faut peindre des éléphans qui vont seuls au marché acheter la provision de leur maître, des hippopotames qui d'un coup de dent renversent des barques chargées d'hommes, des crocodiles dociles à la voix de l'enfant monté sur leurs dos, des baleines si grandes et tellement couvertes de plantes et d'animaux, qu'on les prend pour des ifles flottantes; mille autres contes semblables, servent à amuser la curiosité stupide du commun des hommes.

Je conviens que, dans l'espèce d'énumération que je vais faire des productions de la Toscane, je ne pourrai citer aucune mine d'or, ni de diamans, ni d'autres matières rares et précieuses, parce qu'elles ne s'y trouvent pas. Les personnes peu instruites, qu'ennuieroit la lecture de mon livre, pourront le rejeter, le mépriser, et n'y attacher aucune espèce de valeur, ce n'est pas leur suffrage que j'ambitionne. Mon zèle pour ma profession, l'amour de ma patrie, l'espoir de m'occuper utilement et d'être approuvé par les gens sensés; voilà les vues que je me suis proposées, et la seule récompense que je désire.

Les ardeurs du soleil en été, les pluies, les orages, le froid, la faim, la soif, toutes les incommodités des voyages, faits dans des lieux souvent déserts et presque inaccessibles, et la nécessité de beaucoup voyager à pied pour tout voir, sont autant de difficultés que je surmonte sans peine, tant par la constitution de mon tempérament, que par l'espèce de passion que j'ai pour ce qui a rapport à l'histoire naturelle.

Au surplus, les Toscans, en général, sont naturellement bons et polis. La manière agréable avec laquelle ils m'accueilloient, dans les lieux où le défaut de ressources m'obligeoit à leur demander l'hospitalité, étoit bien faite pour me faire oublier, le soir, les fatigues et les privations de la journée. Combien d'agrémens n'a pas donné à mes courses la compagnie du docteur *Savi*, ci-devant mon disciple chéri, devenu ensuite mon adjoint au jardin des Plantes à Pise.

Je l'ai conduit avec moi dans mes voyages, pour qu'il apprît à lire lui-même dans le grand livre de la Nature, et afin d'avoir quelqu'un de confiance, qui fût capable de supporter les dangers et les incommodités de mes courses.

Son excellent caractère, son amitié pour

moi, les progrès rapides que ses heureuses dispositions et son application assidue, lui ont fait faire en peu d'années, sont autant de titres qui me le rendroient bien cher, si d'ailleurs il ne m'eût été d'un très-grand secours dans une entreprise, à laquelle un seul homme n'auroit pu suffire. Beaucoup d'objets échappent quelquefois ; on se né-gligeroit, on seroit même tenté de tout abandonner, si on n'avoit un ami qui nous seconde, et ranime dans nous le courage et l'émulation.

Il a partagé ma peine et mes fatigues ; qu'il partage aussi le peu de mérite que le public voudra attacher à mon travail !

Au reste, m'etant déterminé à publier mes observations, j'ai tiré de mon porte-feuille le voyage que j'ai fait à la montagne de *S.-Fiora*. Comme c'est le premier de quelque étendue que j'aie fait en Toscane, il sera l'objet de ce premier volume de mes voyages.

L'exposé de mes recherches, faites depuis dans un pays plus étendu, et avec ce soin et cette exactitude, que l'on n'acquiert que par la pratique et l'habitude d'observer, eût peut-être donné un aspect plus avantageux à ma manière d'observer et à mon travail ; mais j'eusse interverti l'ordre des temps et des lieux, j'eusse perdu peut-être ce caractère de franchise et d'ingénuité sans lequel il n'y a, à mon avis, aucune narration de ce genre, qui puisse être supportable aux connoisseurs.

Si les voyages que j'ai intention de publier par la suite, semblent solliciter moins d'indulgence, et paroissent, j'ose le dire, plus intéressans, tant à raison de la nature des sujets, que par la manière moins imparfaite de les traiter ; cette gradation ne déplaira pas au Lecteur, et pourra n'être défavorable ni à l'ouvrage ni à l'Auteur.

Quoi qu'il en soit, je vais décrire la montagne de *S. Fiora*, qui, avec ses dépendances, forme un pays très-étendu, et que j'ai parcouru dans l'été de 1789.

A peine arrivés au lieu, où à la fin de chaque journée, nous devions passer la nuit, mon premier soin étoit de transcrire et de rédiger sur mon journal, les notes faites dans le courant du jour. Cette précaution nécessaire pour être exact et fidelle, ne laisse pas de coûter beaucoup, dans un moment où, fatigués et harassés des courses de la journée, on n'aspire qu'après le moment de se jetter sur un lit toujours excellent, en pareil cas, quelque dur et mauvais qu'il soit. J'ai conservé exprès, la forme et le style de ce journal, quelque simple et peu soigné qu'il puisse paroître. J'ai cru que c'étoit le plus sûr moyen de donner une idée vraie des diverses situations où je me suis trouvé ; et de conduire, pour ainsi dire, le Lecteur dans les lieux que j'ai parcourus, dont je donne une carte dressée avec autant d'exactitude qu'on peut le faire, sans le secours des opérations astronomiques et mathématiques.

J'ai recueilli tous les objets appartenans à l'histoire naturelle du pays, parmi lesquels il s'est trouvé plusieurs minéraux peu connus. Il y en a même, qui ne l'étoient pas encore ; j'en ai fait l'analyse chimique dans mon laboratoire, et j'en donne simplement le résultat, sans entrer dans aucun détail.

Je n'ai jamais négligé de faire des essais scrupuleux sur les eaux minérales du pays ; et j'ai donné des tables des effets des réagens chimiques, employés pour les connoître ; ce qui, joint aux observations du texte, pourra servir à en exposer les qualités et les propriétés.

A la fin de chaque chapitre, j'ai placé le catalogue des plantes et des minéraux que j'ai recueillis, ou seulement observés dans les différens lieux : par ce moyen, je n'interromps pas le fil de mon journal ; et ceux qui ne se soucient pas d'entrer dans tous ces détails, pourront sauter les articles de chimie, et les catalogues des diverses productions.

Cependant, j'observerai que dans ce voyage, on trouvera peu de détails sur le règne animal. Comme je n'ai pas borné mes recherches à la seule montagne de *Montamiata*, j'attendrai au moment où je donnerai l'ensemble de mes observations, dans une plus grande étendue de pays, pour faire connoître, avec plus de détail, tous les animaux de nos provinces, n'en n'ayant pas apperçu qui soient propres et particuliers au *Montamiata*.

J'aime à croire qu'on ne me saura pas mauvais gré d'avoir fait usage de la nouvelle théorie chimique, et par conséquent de la nouvelle nomenclature. Si on ne les a pas encore adoptés dans toute l'Italie, il est cependant vrai, que la majeure partie des chimistes et des physiciens de l'Europe, se sont déclarés en sa faveur. J'avouerai que, dans le commencement, j'ai eu quelque peine, moi-même, à l'adopter. J'ai long-temps résisté, j'ai douté ; je tenois beaucoup aux anciennes théories, par ce attachement que l'on conserve pour les idées reçues, et qui se sont affermies par l'usage. Je regardois ce bouleversement de choses et de mots, comme arbitraire, violent, et préjudiciable.

Affectionné depuis plusieurs années au phlogistique, à l'aide duquel j'expliquois si bien tous les phénomènes de la chimie, je ne pouvois en supporter la proscription ; et en faisant allusion à un évènement remarquable de l'histoire de France, je l'appellois une *dragonade chimique*. Peu à peu j'ai cessé d'en être scandalisé. Les expériences et les théories nouvelles, m'ont paru ingénieuses : j'ai commencé à les essayer, pour me rendre compte de plusieurs faits chimiques, et j'y ai trouvé plus de satisfaction, plus de cohérence, plus de justesse, et beaucoup moins d'arbitraire. Enfin, malgré les diverses imperfections des nouvelles théories, comme j'ai vu qu'elles m'obligeoient moins souvent que les anciennes, à m'en rapporter à autrui, je me suis déterminé à les adopter, ainsi que la nomenclature qui les accompagne. Cette révolution dans la chimie peut être comparée à un torrent impétueux, qui trouve à la vérité des obstacles, mais qui les surmonte et entraîne tout avec lui. Au sur-

plus, si quelqu'un ne goûtoit pas la théor
que j'ai employée , il n'a qu'à considér
les faits et les observations purement
simplement, et les expliquer au moyen (
phlogistique ; ce qui sera plus facile ,
non plus juste, en abandonnant la théo
toujours succincte que j'en donnerai.

L'histoire politique, les antiquités ,
les recherches de ce genre, entreront 1
rement dans le cours de ma narration;
n'en parlerai jamais que très-brièvemen
j'aurai moins d'espoir de plaire aux Ér
dits ; mais peut-être, mon plan ne déplai
t-il pas aux Naturalistes, dont le suffra
est le seul prix que j'attache à mes travau

VOYA

Topographie du Montamiata et des pays adjacens
N
E
O
S
Pienza
S. Quirico
Tresa T.
Orcia F.
Bagno di Vignone
Podorina Pa
Strada Romana
Orcia F.
la Rocca
Castiglione
Rigo T.
Orcola T.
Ricorsi Pa
Formone T.
Viso P.
Antidonia T.
Rondanaja T.
Bagna di S. Fillippo
Campigha
Seggiano
Pio l
Zoccolino
Paglola T.
Vetra T.
Eremo
Abbadia di S. Salvadore
Lente T.
Alta cima della Montagna
Piano
Ormena T.
Fiume de Coni T.
Bagnano T.
Montagnola
Serna T.
Monte Giovi
Monta cello
Castel del Piano
Pivzi dell Uccello
Pigelleto
Bagnolo
Lancona T.
Lente T.
Fosso dell'anelacee
M. Latrone
Bagnora
Arcidosso
S. Fiora
Trinita
Monte Labro
Selvena
B. R.
Parte della Maremma
Senese

Tom. 1 Introduction

du
t des
ens

mone T.

T.
di
ore
Piano

Senna T.
Pigelleto

duction

VOYAGE AU MONTAMIATA.

CHAPITRE PREMIER.

Idée et motifs du voyage à Montamiata.

LA montagne de Montamiata, communément appelée de *St.-Fiora*, du nom d'un château qui y est bâti, est située à trente-six milles sud-est de la ville de Sienne. Elle offre de tous côtés des perspectives fort intéressantes et très-étendues ; mais son aspect est beaucoup plus magnifique et plus riche du côté du nord. Là, on voit ses côtes s'étendre fort au large en descendant jusqu'à la plaine fertile de la *Val d'Orcia*, qui lui sert pour ainsi dire de base ; est arrosée et fertilisée par ses eaux, et prend le nom de la rivière qui la traverse dans toute sa longueur. Ces côtes, s'élevant de la plaine, offrent de toutes parts des champs de bled,

A

tantôt des vignes, tantôt des oliviers, des bois taillis et de pâture : le tout couronné dans les lieux où le sol est un peu aplati, de plusieurs bourgs assez voisins les uns des autres, et tous très-peuplés. Là commencent à paroître des bois de châtaigniers qui montent vers la cime jusqu'au point où le froid et les neiges de l'hiver s'opposent à leur végétation. A la suite des châtaigniers, l'on voit des hêtres extrêmement touffus et très-vigoureux qui couvrent la montagne jusques à son plus haut sommet, et la parent d'une chevelure verte et majestueuse.

Telle est la belle perspective que présente le Montamiata, sur-tout vu de la ville de *Pienza*, ma patrie, qui est située sur une colline qui domine la vallée d'*Orcia*, du côté du midi, et qui est en face de cette montagne.

Il y avoit long-temps que ce brillant aspect piquoit ma curiosité, mais elle s'étoit beaucoup accrue lorsque j'y eus fait une petite excursion.

C'est dans les montagnes sur-tout que le Naturaliste trouve le champ le plus instructif et le plus intéressant pour ses observations. La terre qui dans les plaines ne présente qu'une surface monotone, semble sur les montagnes ouvrir son sein ; là , elle fait voir les diverses couches qui la composent, et montre sa structure intérieure dans les crevasses, les ravins et les fentes des rochers ; là se trouvent particuliérement cette variété et cette abondance d'objets divers , propres à faire des collections précieuses pour les amateurs ; là se trouvent des points de vue inattendus, étonnans et d'une étendue immense ; là se voient des masses énormes composées de diverses substances très-propres à expliquer la composition du globe terrestre, et les différentes vicissitudes qu'il a subies. Là se respire l'air le plus salubre, et se trouvent les eaux les plus limpides et les plus pures ; là , on sent un appétit , une force et un courage toujours renaissans ; là enfin, on jouit d'une fraîcheur et d'une vivacité d'imagination

A 2

que l'on chercheroit inutilement dans les pays de plaine.

Ainsi donc, si l'on fait attention à la robuste constitution, à la vivacité et à la vigueur physique et morale des habitans des montagnes, on sera tenté de croire que c'est le site qui convient le mieux aux hommes, et que ce sont les lieux qu'ils ont commencé à habiter et pour lesquels ils conservent le plus d'attachement et de goût.

Les peuplades établies dans les plaines sont ordinairement nomades, et changent facilement de demeure ; mais il n'en est pas de même des montagnards, car s'ils sont obligés par quelque circonstance de changer de domicile et d'aller chercher leur subsistance ailleurs, ils conservent toujours le désir de retourner dans leur patrie ; s'ils sont obligés de renoncer à cet espoir, ils sont attaqués le plus souvent de la nostalgie, espèce d'affection hypocondriaque causée par l'éloignement du pays natal, que la seule certitude d'y retourner guérit, et qui est un phénomène très-rare parmi ceux qui ne sont pas nés dans un pays de montagnes.

Tous ces motifs expliquent la curiosité que l'on a de visiter les montagnes ; sentiment qui sans cesse se renouvelle chez moi à la vue de celle de Montamiata que j'avois occasion de considérer du côté le plus beau et le plus majestueux. Je me déterminai donc à aller la visiter, et je choisis l'été comme le temps le plus favorable pour cette excursion, et pour trouver les plantes dans leur perfection. En conséquence, je partis de Florence au commencement du mois d'août avec M. D. Gaetano Savi ; et arrivés à *Pienza*, nous y préparâmes toutes les choses nécessaires pour notre voyage.

CHAPITRE II.

Départ de Pienza. *Bains de* St.-Philippe
et leurs environs.

Nous partîmes à cheval de *Pienza*, le
10 août 1789, et après avoir passé la rivière d'*Orcia*, et la vallée à qui elle donne
son nom, nous entrâmes dans le grand
chemin de *Rome;* nous le suivîmes jusqu'à l'auberge des *Ricorsi*, éloignée de
douze milles de *Pienza*. A quelque distance de là, au pont du *Formone*, nous
quittâmes la route de *Rome;* nous prîmes
à main droite un petit chemin qui côtoie
le torrent de la *Rondinaja*, et conduit aux
bains de *St.-Philippe*, à deux milles des
Ricorsi.

Les pierres du lit de ce torrent nous
firent juger par leurs incrustations de tartre
blanc, que les eaux minérales ne devoient
pas être éloignées. En remontant le long de

la *Rondinaja*, nous trouvâmes de grandes masses de travertin détachées , qui deviennent plus grosses et plus nombreuses à mesure qu'on avance. Arrivés un peu au-dessous des bains , nous en vîmes les eaux se précipiter du haut d'une colline , blanche comme la neige , dans le fossé de la fonte qu'on appelle aussi *fosso bianco* , fosse blanche. Le terrain , les pierres , les morceaux de bois et les plantes mêmes sur lesquels l'eau vient à passer , sont toutes couvertes de tartre blanc.

Etant arrivés aux bains , dans le fort de la chaleur , nous allâmes nous reposer chez M. le docteur *Leonardo Vegni* , dont la maison est la seule passable dans ce misérable endroit.

Les bains de *St.-Philippe* sont à mi-côte d'une colline tartreuse dont la descente est très-rapide , située tout près du pied du mont appelé le *Toccolino*. On peut dire que c'est de ce côté-là que commencent les groupes montueux qui constituent le *Montamiata*. Ces bains consistent en un

méchant village composé d'un petit nombre de chétives maisons où tout ne respire
que la misère. Il y a les bains proprement
dits, et une petite église dédiée à l'apôtre
St. Philippe, d'où le village tire son nom.
Cette église et ce hameau existoient dès
le temps des Rois Lombards, et il est vraisemblable que les habitations et les thermes
remontent à des temps beaucoup plus re-
culés. C'est du moins ce que font conjecturer les médailles antiques de diverses
époques, trouvées sur les lieux mêmes,
quelques fragmens de mur réticulé que
M. de *Vegni* nous dit avoir été trouvés dans
les environs, et la grande quantité d'eaux
thermales qui y coulent depuis un temps
antérieur à l'histoire : comme on le voit
clairement par les couches prodigieuses de
tartre suspendues en voûte, et les masses
énormes de travertin, qui ne sont composées que des sédimens successifs de ces eaux.

On se persuadera sans peine que les
anciens habitans de ces pays Etrusques
ne laissèrent pas de tirer parti de la ri-

chesse de ces sources ; eux qui faisoient un si grand usage des bains, tant par raison de propreté et de santé que par motif de religion.

On y voit encore les ruines des thermes antiques, sur lesquels on n'a pas de notions au-delà du quatorzième siècle.

Tout ce pays appartenoit, dès le huitième siècle, aux religieux de l'abbaye de St.-Sauveur du Montamiata. Il fut possédé après le dixième siècle par les *Visconti*, seigneurs de *Campiglia* ; mais, lors de l'extinction de cette famille, il passa avec le reste de la seigneurie au pouvoir de la République de Sienne.

Il y a actuellement des eaux où l'on se rend des pays voisins et sur-tout de la montagne pour y prendre des bains, et pour recevoir les douches et des ventouses, afin de se guérir des rhumatismes, des douleurs arthritiques, des maladies cutanées, et très-fréquemment de la galle. Le seul usage extérieur de ces eaux a été trouvé d'une grande efficacité pour tous ces maux.

Elles guérirent radicalement le grand Duc Ferdinand second, comme on le voit par l'inscription qui existoit sur les anciens thermes ruinés.

Cette inscription est conçue en ces termes :

FERDINANDUS II, MAGNUS DUX V,
DUM ADVERSA VALETUDINE LABORARET
THERMIS HISCE
CAPITIS LANGUORE DEPULSO
BENE CONVALUIT.
LÆLIUS GULIELMUS,
OB RESTITUTI PRINCIPIS GLORIAM,
HOC EGREGIÆ MEDELÆ MONUMENTUM
POSTERIS EXCITAVIT. A. D. MDCXXXV.

Après un repos de deux heures, nous affrontâmes de nouveau la chaleur, et nous montâmes sur la colline tartreuse où sont les sources des eaux minérales. Il y en a deux qui fournissent aujourd'hui les eaux des bains. La première que l'on trouve, est la moins abondante, elle a une odeur sulfureuse, et un goût aigrelet et désagréable. Ses eaux se rendent au bain par une petite rigole, et elles déposent dans leur cours beaucoup de tartre plus ou moins blanc. Ce tartre enduit également tous les corps qu'il rencontre, tels que le bois, les pierres, les herbes dont il conserve la figure. Il varie beaucoup dans sa composition. Nous en recueillîmes des fragmens absolument séléniteux, c'est-à-dire qui étoient un vrai sulfate de chaux ; d'autres étoient effervescens, et les ayant soumis à l'analyse chimique, je les ai reconnus pour du carbonate de chaux dans lequel j'ai cependant toujours trouvé au moins une centième partie de sulfate de chaux.

Mon thermomètre, fait d'un très-petit tube isolé, et gradué selon Réaumur, de 23 degrés au-dessus de zéro, où il étoit à l'air libre, plongé dans l'eau de cette source, n'est pas monté au-delà de 37 degrés ½.

L'autre source se trouve en remontant sur la croupe de la colline par le chemin qui va aux soufrières. Ses eaux sont absolument semblables à la précédente, mais elles sont plus chaudes; car elles firent élever le thermomètre à 39 degrés ½. L'une et l'autre perdent leur acide à l'air libre, et beaucoup plus promptement encore au feu. Dans le petit canal, par lequel cette eau coule au bain, nous recueillîmes plusieurs morceaux de conferva totalement incrustés d'un tartre extrêmement blanc, formant des ramifications très-délicates, et on ne peut plus jolies. Nous remarquâmes en dessous un grand nombre de globules souvent ovoïdes, formés d'une croûte extrêmement fine, et creuse en dedans. Il paroît qu'ils ont été formés par des bulles d'air qui ont été emprisonnées par une portion d'eau tartreuse, laquelle après s'être évaporée, a seulement laissé cette pellicule ou étui calcaire, qui d'abord la retenoit.

On trouve encore en abondance une autre espèce de conferva dans le cours de ces eaux, et dans des endroits où elles croupissent; elle est gélatineuse, peu durable, et d'un vert foncé: mais quand elle reste à sec, il semble qu'elle se décompose et se réduit en une fécule ou matière colorante bleue. Elle offre le même phénomène, si on la fait dessécher dans un vaisseau ; mais exposée à la lumière , elle perd insensiblement cette belle couleur. Si par quelque procédé chimique on pouvoit réussir à fixer cette matière colorante , on enrichiroit d'une belle couleur nos ateliers de peinture et de teinture. L'eau de cette seconde source a, comme la première, la propriété d'incruster et de revêtir tant dans le fond qu'aux parois de son canal, tous les objets qu'elle rencontre sur son passage. L'une et l'autre, soumises aux mêmes réagens chimiques m'ont donné les mêmes résultats. On les verra dans le tableau suivant :

TABLEAU des effets des réagens chimiques employés sur l'eau minérale des bains de St.-Philippe.

Réagens chimiques.	Effets des réagens.
Solution de tournesol dans l'eau distillée	Devient rouge sur le champ.
Eau de chaux	Devient promptement blanche, mais cette couleur a bientôt disparu. Elle s'est maintenue, lorsque le réagent a été employé à plus forte dose.

Papier teint avec la *terra merita*. . . . . O

Solution de potasse . . . Précipité blanc, prompt et abondant.

Alcool de savon . . . . . Précipité blanc en flocons nageans.

Acide sulfurique . . . . . O

Acide oxalique du sucre . Précipité blanc, prompt et abondant.

Ammoniaque. . . . . Précipité blanc, prompt.

Muriate de barite . . . . Idem.

Acétite de plomb . . . . . Précipité blanc, cailleux, prompt, abondant, tombant proprement au fond.

Nitrate d'argent . . . . . . Nuage blanc, lent, et à peine sensible.

Acide nitrique . . . . . . O

Prussiate de potasse . . . O

Alcool de galle . . . . . . O

On voit clairement par ces résultats que ces eaux contienneut beaucoup d'acide carbonique, de sulfate de chaux, et de magnésie.

J'observerai cependant que la chaux de l'eau de chaux en se chargeant sur le champ d'un peu d'acide carbonique prenoit la qualité de terre calcaire insoluble, ou de carbonate de chaux, et blanchissoit l'eau ; mais comme elle se trouvoit ensuite sur-chargée d'un excès d'acide carbonique qui la salifioit, et en faisoit un vrai carbonate acidule de chaux, elle se dissolvoit de nouveau dans l'eau.

Enfin, si l'on venoit à augmenter la dose du réagent, et par conséquent celle de la chaux, celle-ci épuisoit l'acide carbonique libre qui se combinoit en entier avec elle, mais alors il étoit si étendu, qu'il ne pouvoit plus la salifier, de façon que le carbonate de chaux insoluble qui s'y étoit formé, blanchissoit toute la masse de l'eau d'une manière permanente.

Nous trouvâmes dans le cours de ces eaux une incrustation saline formée par leur sédiment, et auquel nous trouvâmes une saveur un peu acide. C'étoit un composé de sulfate de chaux un peu surchargé d'acide sulfurique, de carbonate de chaux, et d'une très-petite quantité de sulfate de magnésie.

Il paroît donc que ces tartres calcaires

exposés aux exhalaisons sulfureuses de ces lieux , et imprégnés par conséquent d'acide sulfurique , sont changés en sélénites ou sulfate de chaux. Mais comment concilier avec cela la présence de l'acide sulfurique excédant, et du carbonate de chaux? Je pense que cette partie de carbonate de chaux, non convertie en sulfate, c'est conservée dans cet état, parce qu'elle s'est trouvée revêtue de sulfate de chaux formée autour d'elle, ce qui l'a mise à couvert de l'action de l'acide sulfurique.

En effet, ayant plongé un de ces morceaux de tartre dans l'acide sulfurique , j'ai vu tout son extérieur se changer en sulfate de chaux, tandis que l'intérieur s'est conservé pendant long-temps dans l'état de carbonate de chaux, sans avoir été atteint en aucune manière par l'acide sulfurique.

Au-dessus et au-dessous des rochers tartreux sur lesquels l'eau minérale se précipitoit autrefois, et sur ceux sur lesquels elle coule encore aujourd'hui , nous trouvâmes

trouvâmes dans les creux où l'eau ne peut atteindre aujourd'hui, une substance saline, blanche, concrète, informe, et de saveur tant soit peu amère, qui se dissout en partie à l'eau; le reste est insoluble et n'a aucune saveur. La partie saline, soluble et amère est du sulfate de magnésie; celle qui est insipide et insoluble est du sulfate de chaux qui rend moins sensible la saveur de toute la masse.

En poursuivant notre route vers la montagne, nous trouvâmes quelques grottes appelées *les soufrières*. Ce sont des espèces de cavernes faites de main d'homme pour en retirer du soufre, et qui peut-être ont été abandonnées parce qu'elles étoient peu productives. On y entre par différens côtés, mais l'état d'abandon où on les a laissées, et le travail continuel de la nature, les rend aujourd'hui d'un accès difficile. Leur embouchure et leur intérieur sont tapissés de concrétions en forme de stalactites tachetées de jaune par le soufre, mais la majeure partie d'entr'elles sont blanches, sur-tout celles qui garnissent les côtés et la voûte de ces grottes, où elles sont variées en cent manières, et sous les plus jolies formes. Elles imitent, tantôt celle d'un champignon, tantôt celle d'un chou-fleur, et mille autres figures, qui seroient un ornement des cabinets d'Histoire naturelle, si leur grande fragilité n'en rendoit pas le transport très-difficile. J'ai cependant réussi à en emporter quelques morceaux à Pise, mais il m'a fallu de grands soins et user de beaucoup de précautions.

En examinant la composition extérieure de ces concrétions, on les voit couvertes de cristaux extrêmement petits en forme d'aiguilles, le plus souvent humides, et d'une saveur acide, sur-tout dans l'intérieur de la grotte. J'entrai dans deux de ces cavernes ; je fus saisi dès l'entrée par une odeur sulfureuse, et par une chaleur si considérable que, quoique je transpire difficilement, j'eus dans l'instant tout le corps couvert de sueur, sur-

tout vers les jambes. Le thermomètre
ne s'éleva pas au-dessus du 25e degré
au-dessus de zéro. J'allumai une bougie ;
elle brûla sans aucune difficulté , tant
que je la tins élevée vers le haut de la
voûte ; mais en la baissant à deux tiers
de brasse vers la terre , la flamme s'en
détacha , et finit par s'éteindre entièrement. J'eus la curiosité d'abaisser la tête
à cette distance , mais je fus frappé de
ces exhalaisons au point de perdre la
respiration , ce qui me força de sortir
promptement de la grotte pour pouvoir
respirer. Ces observations sont fort intéressantes pour bien connoître la nature des
mofettes , mais elles sont dangereuses , et
demandent beaucoup de prudence. Au
reste , les animaux meurent quand on les
place dans cette atmosphère méphitique ,
sur-tout lorsque le vent vient du midi ;
parce qu'alors elles acquièrent plus de
densité , et par conséquent plus d'énergie.

J'y plongeai deux petites bouteilles à
large ouverture ; l'une pleine de solution

de tournesol, l'autre pleine d'eau de chaux, et une pièce d'argent bien nettoyée et bien propre. La solution de tournesol y acquit une couleur rouge, l'eau de chaux y devint laiteuse, et la pièce d'argent y jaunit d'abord, et enfin s'y noircit tout-à-fait.

J'ai conclu de ces observations, ainsi que de plusieurs autres que j'ai faites dans différens temps, que cette mofette n'est pas simple comme celle de la fameuse grotte du chien, près de Naples, mais qu'elle est composée de gaz hydrogène sulfuré et d'acide carbonique. Ce dernier, plus pesant que l'air atmosphérique, retient la mofette à la distance de deux tiers de brasse de la terre, tout au plus.

C'est dans ces mêmes grottes que le feu docteur *Baldonarri* crut et assura avoir trouvé l'acide vitriolique, c'est-à-dire sulfurique, naturellement en état de concrétion. En voyant dans ces concrétions stalactitiformes une infinité de petits cristaux en forme d'aiguilles, le plus sou-

vent humides et acides au goût, et s'é-
·ont assuré que leurs parties acides avoient
véritablement les caractères d'acide sulfurique, il se persuada facilement que
ces petites aiguilles prismatiques n'étoient
autre chose que de l'acide sulfurique concret. Il publia cette observation, dont un
étranger a tenté de s'attribuer le mérite.
Elle fut applaudie et réfutée par plusieurs
voyageurs, mais toujours avec préven-
tion et trop à la hâte.

Sans rapporter les différentes opinions
des naturalistes qui ont bien ou mal observé les bains de St.-Philippe, opinions
que je ne trouve point assez satisfaisantes
pour me rendre compte de la formation
de ces concrétions stalactitiformes, sur
l'acide sulfurique qui s'y trouve, et sur
les autres phénomènes de ces environs;
voici l'idée que je m'en suis formée :

Les eaux minérales des bains de St.-Phi-
lippe laissent sur les lieux où elles passent,
ou bien où elles s'arrêtent, des dépôts
tartareux plus ou moins solides, et plus

ou moins volumineux , selon qu'elles y
ont coulé pendant plus· ou moins de
temps. Lorsque le terrain , par la succession des sédimens tartareux qu'elles ont
déposés, est venu à s'exhausser au-dessus
du niveau de leur source, ou bien à
l'obstruer entièrement, elles ont été obligées de prendre un autre cours, comme
en effet on les voit disparoître des lieux
où elles passoient autrefois, et couler dans
d'autres endroits. Voilà ce qui arrive
aujourd'hui, et ce qui paroît avoir toujours été dans les temps antérieurs, puisque depuis le lieu d'où elles sortent aujourd'hui , jusqu'au pied du mont du
Zoccolino , on marche constamment sur
des tartres et des travertins, résultats des
sédimens de ces eaux, et qui indiquent
les endroits d'où elles sortirent, et par où
elles coulèrent jadis.

La chaleur de ces eaux est entretenue
par la fatiscence (décomposition) des py-
rites ou sulfures de fer, dont il y a là sans
doute des couches et des amas inépuisables

dans le sein de la terre. Cette décomposition du sulfure de fer est aussi la cause des émanations sulfureuses et des autres phénomènes de ces grottes.

En effet, le gaz hydrogène sulfuré, l'acide carbonique, les vapeurs aqueuses, et le calorique, sont des émanations résultantes de ces combinaisons successives, et de ces décompositions qui se consument dans ces laboratoires souterrains de la nature. Ces émanations en arrivant dans les grottes, et se trouvant en contact avec l'air atmosphérique, le gaz acide carbonique, comme le plus pesant, reste dans la région inférieure, et forme la mofette. Le gaz hydrogène sulfuré, ainsi en contact avec l'air atmosphérique, le décompose et s'y décompose lui-même : l'hydrogène et une partie du soufre se combinent avec l'oxigène de l'air, avec lequel le premier forme de l'eau, et le second forme de l'acide sulfurique. Celui-ci venant à se délayer dans l'eau nouvellement formée, et avec les vapeurs aqueuses qui y existoient auparavant, se combine d'abord jusqu'à parfaite saturation avec le carbonate de chaux des parois, de la voûte et du sol de la grotte ; ensuite, comme il trouve le sulfate de chaux bien saturé et hors d'état de se combiner avec une nouvelle quantité d'acide, il se condense, il s'amasse ; et se trouvant délayé, il retombe en gouttes, entraînant avec lui des particules de sulfate de chaux auquel il donne insensiblement la figure cristalline et la forme de stalactite qui s'y voit sous tant de formes différentes.

C'est de là que provient cette efflorescence salino-terreuse, que l'on remarque sur le sol. Elle est d'un blanc livide, d'une saveur acide permanente qu'elle communique à l'eau, et enfin d'une composition absolument semblable à celle des concrétions stalactitiformes de la voûte, lorsque l'on en sépare le soufre le plus souvent blanchâtre, qui se trouve mêlé avec elle. Dans le même temps, une partie du soufre du gaz hydrogène sulfuré ne trouvant pas d'oxigène prêt à le rendre acide, et particuliérement dans ces lieux où il ne parvient pas une grande quantité d'air atmosphérique, il se précipite sur les parois et sur le sol de ces grottes, tantôt de couleur jaune, tantôt de couleur blanche.

C'est ainsi que se précipite, au moins en grande partie, le calorique du gaz hydrogène sulfuré, ainsi que celui du gaz oxigène de l'air atmosphérique ; et c'est de celui-ci et du premier émané de dessous terre que résulte la chaleur bien sensible qui se répand dans l'air atmosphérique de ces grottes.

Au reste, les aiguilles cristallines si fines et si délicates que l'on remarque aux parois et à la voûte, sont positivement ce que *Baldassari* croit être et nomme l'*acide vitriolique concret naturellement.* Ce sont, comme je l'ai déjà observé, des cristaux de sulfate de chaux humectés et surchargés d'acide sulfurique. Ainsi donc, loin d'être concret , il est , au contraire , délayé et mêlé à de très-petites particules de sulfate de chaux ; mais le Naturaliste est bien aise de le trouver là nu et isolé, malgré son extrême tendance à se combiner avec un grand nombre de substances simples et composées des trois règnes de la Nature.

On appelle encore ces lieux il *Bollore* (l'ébullition). C'est le nom que l'on donne plus particuliérement à un bassin qui aujourd'hui est obstrué et desséché, et qui servoit autrefois aux habitans voisins pour s'y baigner. Le peuple du pays raconte que St. Philippe Benizi en fit sortir l'eau thermale et salutaire en frappant la terre avec un bâton.

En descendant de là vers le torrent de la *Rondinaja*, nous longeâmes une crevasse longue de deux ou trois cents pas, profonde de quinze brasses au moins en certains endroits, perpendiculaire et si étroite qu'un homme en sautant peut passer d'un bord sur l'autre. On croit que cette crevasse a été causée par quelques tremblemens de terre. Cependant il paroît par les trous qui se voient aux deux côtés, que l'on y avoit fait des échafaudages pour en retirer du soufre qui s'y trouve en abondance, mais on a abandonné les fouilles que l'on y avoit commencées.

Nous poursuivîmes notre chemin par une descente extrêmement difficile vers la *Rondinaja*. Tout ce terrain est couvert de tartre et de travertins qui abondent également dans le lit du torrent, où on trouve grand nombre de pierres calcaires avec des filets de spath, qui y ont été transportés par les torrens du haut des monts qui dominent.

La rive opposée abonde en pierre coltelline calcaire, brune, grisâtre et verdâtre, qui dans quelques lieux, lorsqu'elle est imbibée d'eau, se ramollit et forme une espèce de pâte qui ressemble un peu à de la marne argilleuse.

Dans les eaux des ruisseaux des deux fontaines ci-dessus, et dans celles de la

Rondinaja où s'est réunie l'eau minérale, nous trouvâmes des incrustations fragiles, des tartres durcifiés, tout troués, formant comme des amas de tubes cylindriques.

Mais fatigués des courses de la journée, nous déposâmes nos minéraux et nos plantes chez M. le docteur *Vegni*, et nous retournâmes à l'auberge des *Ricorsi*, où nous passâmes la nuit. Nous y dormîmes peu, soit à raison de la chaleur que nous avions éprouvée, soit à cause de la petitesse de notre chambre où nous étouffions.

Le 11, avant le lever du soleil, nous nous acheminâmes au-dessus des *Ricorsi*, vers les vignes de *Campiglia*, en grimpant sur une colline toute nue appelée *Poggio Ricciuoli*. Nous y trouvâmes une grosse masse de roche siliceuse, brune, dont le sommet sortoit à fleur de terre. Quelques-uns de ses côtés étoient tout parsemés de cristaux de roche couleur de grenat, mais la roche étoit si dure, que j'eus toutes les peines du monde à en détacher quelques fragmens avec mon gros marteau. La pierre qui se trouve le plus abondamment sur ces hauteurs est *Coltelline* calcaire et effervescente.

En descendant dans les ravins du *Poggio Ricciuoli* nous y trouvâmes une brèche dont la base est calcaire, roussâtre, avec des filamens spatheux , et des fragmens d'asbeste vert. Dans quelques morceaux on voyoit l'asbeste vert stratifié sur un côté de la brèche qu'il couvroit presque entièrement. Nous trouvâmes même dans les environs quelques morceaux d'asbeste vert détaché.

Dans le fossé qui se trouve au-dessous des vignes de *Campiglia* nous trouvâmes du *gabbro* vert , brun , parsemé de petites taches blanchâtres. Chargés des échantillons de ces diverses pierres, et de plusieurs plantes, nous retournâmes aux bains de St.-Philippe, emmenant avec nous un jeune homme de *Campiglia* pour nous servir de guide pendant le reste de la journée.

Nous nous arrêtâmes de nouveau à St.-Philippe chez M. le docteur *Vegni* pour y observer ses jolis ouvrages en tartre. C'est lui qui a inventé la manière de représenter en incrustations minérales et en relief les formes concaves qu'on expose à leur courant. Il avoit remarqué que l'espèce de rosée qui provient du jaillissement de ces eaux, déposoit un tartre plus lent à croître et à grossir, mais beaucoup plus dense, plus fin, plus blanc et plus compacte que les autres. Cela lui donna l'idée de faire tomber cette eau minérale du haut de la voûte d'une chambre sur des hangars et des madriers placés horizontalement à quelque distance de la terre. Il a entouré le tout d'une enceinte de solives auxquelles sont attachés plusieurs formes ou moules en soufre, plus ou moins éloignés de la chûte de l'eau, selon qu'il désire le travail plus ou moins fin, et plus ou moins lent : ce qui lui a parfaitement réussi. L'eau en tombant du haut de la voûte se brise avec force sur les hangars, et rejaillit en forme de brouillard qui va frapper les moules concaves suspendus, et dépose jusques dans les plus petits traits de leur empreinte les molécules de tartre les plus fines et les plus blanches. Cette incrustation s'augmente insensiblement; et lorsqu'elle est parvenue au point d'épaisseur désiré, on retire le moule, on en enlève le tartre délicatement, et on le trouve de la plus grande blancheur, et du plus beau luisant du côté qui étoit attaché au moule, dont il représente parfaitement le dessein en relief. On en fait des médaillons, des inscriptions, des bas-reliefs, et autres jolies empreintes, qui joignent à la blancheur et à la finesse une consistance qui approche beaucoup de celle du marbre. Je ne m'étendrai pas sur le mérite de l'invention et sur les ouvrages de cette intéressante manufacture, parce qu'ils sont trop généralement connus, et qu'ils se trouvent entre les mains de tout le monde.

Nous laissâmes donc entre les mains de notre hôte nos plantes et nos minéraux, et nous partîmes des bains à onze heures du matin par une chaleur excessive (*) qui étoit encore augmentée par le reflet de ces tartres et de ces travertins blancs, et nous prîmes la route de la montagne. A quelques pas au-delà de la soufrière dont nous avons parlé, on commence à trouver des rochers de travertin. Ils se trouvent toujours de plus en plus gros, et détachés les uns des autres à mesure que l'on approche d'un petit hermitage, nommé vulgairement *St.-Philippino*. Dans cet endroit il y en a qui s'élèvent jusqu'à vingt-cinq et trente brasses.

Cet hermitage consiste en une grande chambre taillée à pointe de ciseau dans une seule pièce détachée de travertin. Un mur mitoyen le divise en deux parties, dont l'une est l'oratoire, et l'autre une chambre à coucher. On lit, gravée sur

____

(*) Le thermomètre s'est toujours maintenu dans les environs à 24 degrés à l'ombre.

la

la porte de l'oratoire en lettres grossières et difformes l'inscription barbare suivante :

Chesto liocho fù dificato per
rhabone ribellato.

St. Philippe Benizi Florentin se retira dans cet antique hermitage, dit-on, et s'y tint caché pendant trois mois pour se soustraire à l'élévation au pontificat dont les cardinaux assemblés à Viterbe le menaçoient, et il n'en sortit que lorsque le pape Grégoire X eut été élu. C'est ce qui a donné à cette retraite le nom de *St.-Philippino*, pour le distinguer d'une autre église moins antique dédiée également à St. Philippe Benizi. Celle-ci est située un peu plus avant sur le chemin qui conduit à Campiglia, bourg éloigné d'un peu plus de deux milles des bains de St.-Philippe. On y voit annexé un petit couvent où demeuroient autrefois quelques frères Servites, auxquels succédèrent depuis des hermites quêteurs qui étoient en même temps gardiens du petit hermitage. Comme la plupart de ces hermites fai-

C

soient profession d'imiter l'austérité de mœurs du Frère Rustique de Bocace, on jugea à propos en Toscane de les congédier, et notre St.-Philippe fut compris dans la réforme générale : de sorte que ce petit couvent aujourd'hui est abandonné, et à demi-ruiné.

Aux environs du petit hermitage, il croît beaucoup de plantes et beaucoup d'arbres qui rendent ce lieu champêtre et ombragé : c'est là que commencent les chataigniers.

Quand on a passé le fossé *dell'Olivo*, en allant vers *Campiglia*, on trouve une ferme appelée la *Casa-nuova*; à peu de distance de là se voient quatre mofettes appelées les *puzzolaje*. A raison des vapeurs mortelles qu'elles exhalent, elles ont au milieu une bouche dont on ne peut savoir la profondeur, et d'où sortent continuellement des émanations de gaz hydrogène sulfuré qui sont mortelles aux animaux ainsi qu'aux végétaux. En effet, on ne voit tout autour aucune espèce de plantes ; et si un animal ou un oiseau vient à passer sur le terrain qui en est dépouillé, il y reste suffoqué, et meurt à l'instant. Les paysans et les bergers évitent avec le plus grand soin que leurs bestiaux et leurs troupeaux ne s'approchent trop de ces lieux *mortifères*. La plus grande et la plus dangereuse de ces mofettes est quasi faite en forme de coupe ; elle est très - profonde, et a environ cent vingt pieds de diamètre ; son intérieur est absolument dépourvu de plantes ; elle a au centre un vaste soupirail, d'où sortent ces exhalaisons terribles, et dans lequel vont se précipiter les eaux des pluies qui s'y rendent de différens points.

Il y a quelques-unes de ces mofettes dans un terrain presque uni, mais fangeux, autour desquelles croissent hors de la sphère des exhalaisons méphitiques, l'*arundo phragmitis*, et une espèce d'*agrostis*, de laquelle on fait des claies, des cribles et des paniers. Comme elle n'étoit pas en

fleur, je n'ai pu la déterminer positivement, mais je serois tenté de croire que
c'est l'*agrostis stolonifera*.

Nous laissâmes à droite le chemin qui
conduit à *Campiglia* qui en est tout près,
et nous nous avançâmes vers le mont
appelé *Zoccolino* qui est très-élevé et
couvert d'arbres depuis le pied jusqu'à
la cime. Au bas de ce mont, où se
trouve encore une mofette sulfureuse, on
voit cesser subitement les tartres et les
travertins qui y sont remplacés par une
pierre calcaire, solide, et de forte consistance, continuée jusqu'au sommet.

Là se perd aussi tout vestige des eaux minérales. Elles avoient autrefois leur source,
comme je l'ai dit, au pied du mont
Zoccolino; et comme par la suite des
temps elles se sont fermé elles-mêmes
le passage par leurs sédimens tartreux,
elles ont changé d'issue d'un lieu à l'autre
jusques à l'endroit des bains d'où elles
sortent aujourd'hui, jusqu'à ce que la

même cause les oblige à changer encore leur cours, ou à se perdre totalement, et à disparoître.

Minéraux recueillis aux bains de St.-Philippe *et dans leurs environs.*

Pierre grise siliceuse, brune, marquetée de cristal de roche, couleur de grenat. *A la colline Riccioli sous les vignes de Campiglia.*

Pierre coltelline, ou fissile calcaire. *Ibid.*

Brèche dont le ciment est calcaire, avec des veines spatheuses, et des fragmens d'asbeste vert. *Dans les ravins de la colline Riccioli.*

Pierre semblable à la précédente, avec des couches d'asbeste vert en dessus. *Ibid.*

Pièce d'asbeste vert. *Ibid.*

Gabbro ou serpentine, verte-brune, à petites taches blanches. *Dans la profondeur au-dessous des vignes de Campiglia.*

Tartre révétissant des conferves, et figurant des herborisations. *Dans le canal l'eau minérale des bains de St.-Philippe.*

Incrustation calcaire, effervescente. *Ibid.*

Tartre calcaire, effervescent, tout percé de petits trous, dans l'intérieur desquels on remarque des fragmens de végétaux incrustés. *Ibid.*

Tartre spongieux, séléniteux. *Ibid.*

Incrustation saline. Le long du courant de cette eau minérale.

Incrustations en stalagmites et en stalactites. *Dans les grottes des anciennes soufrières des bains de St.-Philippe.*

Ces concrétions consistent en aggrégations de petits cristaux de sulfate de chaux, qui dans les soufrières sont surchargés d'acide sulfurique très-délayé dans l'eau, et toujours combiné à un peu de chaux, facile à se précipiter en y mêlant de la potasse ou un autre réagent.

Stalactites incrustées d'une couche de soufre. *Ibid.*

Efflorescence acide, composée de sulfate de chaux ou sélénite, d'acide sulfurique surabondant et de soufre. *Sur le sol des soufrières de St.-Philippe.*

Tartre calcaire, avec des empreintes de feuilles. *Près l'hermitage de St.-Philippe.*

Albâtre ondulé en dedans, et globuleux à l'extérieur. *Dans les bains de St.-Philippe.*

Tartre calcaire, blanc, couvert d'albâtre mamelloné. *Ibid.*

Plantes des bains de St. - Philippe *et de ses environs.*

Le long du torrent *Formone.*

Erigeron graveolens.	*Echinops sphærocephalus.*
Digitalis lutea.	

En montant depuis le torrent de la *Rondinaja* jusques aux bains.

Santolina chamæcyparissus.	*Gentiana centaurium.*
Gnaphalium stœchas.	*Chlora perfoliata.*
Carpinus betulus.	*Lithospermum officinale.*
Quercus robur.	*Fraxinus ornus.*
———— *Cerris.*	*Coronilla emmerus.*
Corylus avellana.	*Teucrium chamædrys.*
Cornus sanguinea.	*Poa rigida.*
Cornus mascula.	*Asclepias vincetoxicum.*
Origanum vulgare.	*Eupatorium cannabinum.*

Artemisia vulgaris.
Carlina corymbosa.
Acer pseudo-platanus. Ace-
    rofico.
Carthamus lanatus.
Reseda lutea.
Typha angustifolia.
Cytisus sessilifolius.
Pimpinella peregrina.
Euphrasia officinalis.
Satureja montana.
Artemisia abrotanum.
Schœnus nigricans.
Euphrasia odontites.

Teucrium montanum α (1)
— *montanum* 6 *supinum* (2).
Ononis minutissima.
Scrophularia canina.
Convallaria multiflora.
Thesium linophyllum.
Anemone hepatica.
Scirpus romanus.
Euphorbia exigua.
Veronica officinalis.
Hypnum crispum. α
Buxus simpervirens
Centaurea solstitialis.

En descendant de nouveau dans la *Rondinaja*

Geranium molle. (3)
Tussilago farfara.
Salix viminalis.
———— *alba.*
———— *purpurea.*
Tamus communis.
Lotus corniculatus.

Adianthum capillus veneris.
Galeopsis ladanum.
Arabis turrita.
Euphrasia lutea.
Geranium dissectum. (4)
Asplenium adianthum ni-
    grum.

Dans les vignes des *Marianelli.*

Plantago serpentina.
Carlina vulgaris.
Erigeron viscosum. Ceppica.
Sideritis romana.
Carlina lanata.

Bryum pulvinatum. (5)
Veronica incana.
Athamanta cervaria.
Thesium linophyllum.
Chrysocoma linosyris.

Dans le bois de l'Hermitage.

Crepis tectorum.	*Tordylium officinale.*
Pulmonaria officinalis.	*Corylus avellana.*
Hypnum myosuroïdes.	*Fagus sylvatica.*
Geranium robertianum.	*Juniperus communis.*
Sanicula europæa.	*Hypnum velutinum.*

(1) (2) Nous donnons ces deux plantes comme une variété de la même espèce, parce que les feuilles lancéolées et élargies, ou linéaires, ou renversées aux bords, ne sont que des accidens dûs au terrain humide ou sec où elle naît.

(3) Les pétales sont profondément échancrés, de couleur rouge-violet-pâle, avec des lignes plus colorées.

Les feuilles du calice ont chacune trois stries, et sont terminées par une glandule rouge.

Le calice est rond et renflé quand les arilles sont mûrs.

L'aiguille des arilles est à peine du double plus longue que le calice.

Les péduncules ont depuis un jusqu'à quatre pouces de longueur ; ils sont bifides, portent deux fleurs, et ont quatre petites bractées scarieuses à leur bifurcation.

Les *feuilles radicales* sont réniformes, lobées, et ces lobes laciniés ; chaque lacinie ou division est terminée par une glandule rouge. Les feuilles de la tige sont de même, mais les lacinies sont plus pointues.

Les péduncules sont opposés aux feuilles, de manière que ces mêmes péduncules sont alternes avec les péduncules, et que les feuilles sont alternes entr'elles.

Les *pétioles* des feuilles sont plus courts que les péduncules, et ont à leur insertion deux stipules scarieuses bifides.

Les nœuds (*geniculi*) ou articulations sont renflés et rouges. Toute la plante est couverte de poils blancs et mous.

(4) Les *feuilles* sont opposées; les péduncules alternes, biflores, axillaires, longs d'environ un pouce. Les *feuilles du calice* sont terminées par un filet particulier. L'*aiguille* des arilles est trois fois plus longue que le calice. Les *bractées* et les stipules sont rouges; les nœuds sont verts; toute la plante est velue.

(5) Cette mousse croît en touffes sur les toits et les rochers. Elle est très-propre à retenir la poussière, et à fixer sur les roches nues une première couche de terre végétale. Elle est vivace; elle augmente chaque année en grandeur, et ses tiges au lieu d'être simples, deviennent dichotomes au moyen des nouvelles surcules qui croissent chaque année aux côtés des surcules de l'année précédente.

CHAPITRE III.

Le Zoccolino. *Observations sur la plaine des* Renai. *Passage de la plaine des* Renai *au* Vivo.

APRÈS avoir confié nos chevaux à notre guide, nous montâmes à pied sur le *Zoccolino*. Nous cessâmes à moitié chemin de trouver des châtaigniers; ils furent remplacés par des çhênes et des hêtres. Nous trouvâmes et recueillîmes beaucoup de plantes; ensuite, tournant un peu sur la gauche, nous montâmes sur le penchant appelé *il Poggio di Montieri*, qui fait partie du *Zoccolino*; là, nous trouvâmes dans un ravin très-rocailleux, diverses couches horizontales les unes sur les autres d'une pierre calcaire, fissile, rougeâtre, fragile, et très-facile à s'effeuilleter. Parmi ces lits horizontaux, nous observâmes quelques couches d'une espèce de pierre noire, pesante, et luisante en quelques endroits : c'étoit une espèce de manganèse informe.

La plate-forme qui se trouve sur le sommet du *Zoccolino* offre un point de vue immense et magnifique ; il n'est borné d'aucun endroit dans ses environs, si ce n'est au sud-ouest, par le *Montamiata* qui est au-dessus. Mais nous ne pûmes guère jouir de ce coup-d'œil, car nous étions oppressés par la fatigue et par l'ardeur du soleil en plein midi, dont la chaleur étoit encore augmentée par le reflet de quelques nuages, et par un orage qui s'éleva dans la partie du sud. La lassitude et une soif extrême nous obligèrent à abandonner la belle vue des pays éloignés, et à chercher quelque fontaine pour nous désaltérer. Nous eûmes le bonheur d'entrouver une, graces aux soins de notre guide qui nous conduisit à une source qui se trouve au milieu d'une petite prairie. Quiconque n'a point éprouvé les tourmens de la soif, aura peine à se figurer la joie que nous eûmes à l'aspect de cette eau limpide. Mon compagnon y plongea la tête en buvant comme un canard. J'essayai d'en faire autant, mais l'eau me coupoit tellement la respiration, que je fus obligé de me contenter de boire dans le creux de ma main, ce qui auroit rendu ma soif éternelle, si je n'avois pas à la fin pris le parti d'y employer les deux mains. Enfin nous parvînmes à étancher notre soif, en nous comparant aux soldats de Gédéon.

Nous remontâmes un peu sur la gauche, et parcourûmes un terrain absolument dépouillé. Nous détachâmes en chemin deux fragmens d'une masse de manganèse informe qui sortoit de terre. Après avoir passé une châtaigneraie, nous arrivâmes à la plaine des *Renai*, située beaucoup au-dessus du chemin qui conduit de *Campiglia* à l'abbaye de *St.-Salvadore*, au pied de la grande montagne. Si elle n'étoit pas voisine de lieux escarpés et pierreux, on n'eût sûrement jamais pensé à lui donner le nom de plaine. En effet, elle est vaste, mais pleine d'inégalités; dépourvue d'arbres, et encombrée de masses de *peperino* éparses çà et là, et couverte d'une terre mouvante, pulvérulente, brune, grénelée, et très-semblable aux sables volcaniques ou pouzzolanes des pays volcaniques. En l'observant à la lentille, on y découvre quelques paillettes de mica brun, et beaucoup de pièces arrondies de cristaux de feld-spath qui se séparent facilement. Quand on en a séparé le mica et le feld-spath, la terre qui reste se dissout en partie dans les acides, et le reste est presque insoluble. La partie que les acides dissolvent est un peu de chaux et beaucoup de fer; celle qui ne se dissout pas est du silex pur. Le *peperino*, appelé dans le pays *sasso morto*, et *pietra salina*, est une roche composée qui varie beaucoup en dureté et en couleur; tantôt rougeâtre, tantôt grise, tantôt brune, quelquefois noire; et on peut la distinguer en deux espèces différentes. On voit dans l'une d'elles, qui paroît originairement graniteuse, une grande quantité de mica et de cristaux de feld-spath réunis par un ciment siliceux et granuleux, qui n'est autre chose qu'un feld-spath composé de petites écailles posées les unes sur les autres, et si petites, qu'à l'œil nu elles ressemblent à de petits grains.

Dans l'autre espèce, qui paroît clairement provenir du porphyre, le feld-spath cristallisé y est lié par un ciment siliceux beaucoup plus coloré, et dépourvu de mica. Toutes ces masses de *peperino*, soit graniteuses, soit porphyreuses, présentent par leur couleur, leur consistance, la porosité, et pour ainsi dire le boursouflement de leur composition, dans les vestiges évidens de vitrification qu'elles conservent; et par les cellules émaillées, par la fusion qui s'y remarquent, des signes certains d'une décomposition simultanée, et d'un ramolissement causé par le feu : quelquefois même on y voit des signes d'une fusion complette.

Les cristaux de feld-spath, par la décomposition du *peperino* qui en est tout parsemé, se trouvent encore isolés et mêlés avec les terres ou dans les sables des torrens. Ceux qui ont été transportés par les eaux sont le plus souvent rongés et émoussés par le froissement et par la trituration, pendant que ceux qu'on tire immédiatement des masses de *peperino*, conservent constamment leur figure rhomboïdale, et sont striés, blancs, très-souvent demi-transparens, et rarement tout-à-fait diaphanes. Quelques-uns de ceux que j'ai enlevés moi-même de ces masses, ont un aspect fibreux, et ressemblent à la pierre-ponce; ce qui dénote sans doute l'action du feu. Leur poids spécifique est à celui de l'eau distillée comme 2592, est à 1000.

Ces cristaux de feld-spath tenus au feu de fusion pendant quatre heures sans addition, se sont fondus, et ont produit un verre opaque, poreux, presque fibreux, et absolument semblable à cette espèce de

pierre

pierres ponces que nous avons trouvées si fréquemment dans les *peperini*, et qui vraisemblablement ne sont autre chose que des feld-spaths qui sont entrés en fusion.

J'ai pulvérisé du sable des torrens dans lequel abondent les feld-spaths ; je l'ai mêlé avec moitié d'alkali que j'avois tiré par la combustion d'une espèce de fougère appelée *pteris aquilina*, très-abondante dans ces contrées, et sur-tout dans les châtaigneraies. J'ai exposé ce mélange dans un creuset pendant trois heures au feu de fusion. J'ai obtenu pour résultat une sorte d'émail ou de verre opaque vert, tirant un peu sur le bleu.

En France, en Allemagne, et plus encore en Angleterre, les bergers s'occupent dans leurs loisirs à extraire de cette espèce de fougère un sel qui est employé dans les verreries. Ce seroit un objet d'industrie pour les pauvres du *Montamiata* qui ont coutume tous les ans de brûler les fougères pour nettoyer

D

leurs châtaigneraies. Ainsi donc le *peperino*, la nature de la terre semblable à la pouzzolane qui couvre une grande étendue de terrain, et l'aspect de ces lieux nous persuadèrent que déjà nous marchions sur les ruines d'un ancien volcan éteint, comme l'avoit observé *Pietro Micheli*, et plusieurs autres d'après ce Savant.

La chaleur du jour et la fatigue de la marche avoient déjà détruit le bien que nous avoit fait éprouver la fontaine de la prairie ; nous étions de nouveau désolés de la soif la plus ardente. Un berger qui faisoit paître son troupeau à quelques pas de là, nous fit cadeau de sa provision d'eau qu'il tenoit dans un barillet, et nous témoigna tout son regret de n'avoir ni vin ni lait à nous offrir. Nous vidâmes le barillet, et quoiqu'il y eût très-loin de là à la fontaine pour y aller renouveler sa provision d'eau, nous ne pûmes jamais le déterminer à accepter la moindre récompense, en répétant constamment *oh per questu poi nò ve*, comme s'il eût eu horreur de nous faire payer un peu d'eau. Cela me rappela ce berger qui, positivement sur les mêmes montagnes, offrit avec tant de joie et avec tant d'ingénuité une écuelle de lait frais au Pape Pie II (*). Mais on croira facilement que notre berger en avoit agi plus généreusement, car il n'avoit pas l'honneur d'offrir à boire à un Pape.

Tandis que nous descendions à pied, et que nous recueillions du sable volcanique, et les plantes rares qui se rencontroient dans ces lieux arides, un bourgeois de l'abbaye qui nous avoit observé de derrière un buisson où il se tenoit caché, s'approcha de mon compagnon, et lui demanda en tremblant ce que nous faisions là. Ce pauvre homme (comme il nous l'avoua ensuite) nous avoit pris pour des arpenteurs publics envoyés par le Gouvernement pour refaire l'estimation des champs , et crut que nous allions aug-

____

(*) Voyez Comment. Pii II. Lib. 1 x. pag. 401.

menter d'un quart le prix d'un petit terrain qu'il venoit d'acheter tout récemment de la Commune. Comme c'étoit là sa plus riche possession, il s'étoit persuadé que cela devoit être fort, à cœur au Gouvernement. Mais aussitôt que mon compagnon lui eut répondu que le Gouvernement ne pensoit pas à sa possession, et que nous n'étions pas des arpenteurs, il reprit courage, et disparut à l'instant.

Il faut avouer que nous ne fûmes pas fâchés de l'envie qui lui prit de s'expliquer le premier ; nous évitâmes sans doute quelques coups de pierre que les habitans de ces montagnes savent très-adroitement lancer : et on est là très-abondamment fourni de cette espèce d'arme.

Après avoir parcouru en tous sens la plaine des *Renai*, nous remontâmes à cheval, et retournant sur nos pas vers le nord-ouest, nous marchâmes du côté *del Vivo*. Lorsque nous fûmes arrivés au-dessus de *Campiglia*, nous descendîmes un côteau assez escarpé, mais cultivé, appelé *I Fornelli*, dont les pierres sont calcaires ; i s'y trouve aussi des quartz lattigineux opaques. Mais arrivés au torrent *Ansidonia* par le chemin qui conduit de *Campiglia* au *Vivo*, les pierres calcaires disparurent, et furent remplacées par des *peperini* dont nous vîmes plusieurs énormes quartiers détachés, et tombés dans le lit du torrent.

Enfin, vers six heures du soir, nous arrivâmes bien affamés au *Vivo*, d'où nous renvoyâmes notre guide aux bains de *St.-Philippe* avec nos minéraux et nos plantes. Nous fûmes parfaitement accueillis et traités par l'homme d'affaires de M. le comte *Marcello Cervini* qui étoit absent, et nous passâmes la nuit chez lui.

Minéraux trouvés entre les bains de
St.-Philippe *et le* Vivo.

Pierre fissile calcaire. *Sur le côteau de Montieri, au-dessus de St.-Philippe.*
Manganèse en masse informe. *Ibid.*
Manganèse détachée d'une grosse masse. *Sur le chemin qui conduit de Campiglia à la plaine des Renai.*

D 3

Terre ressemblant à la pouzzolane. *Sur la plaine des Renai.*

Pierre rougeâtre, dure, granuleuse, argilleuse avec du mica et du feld-spath, tirée d'un *peperino* rouge. *Sur le chemin entre Campiglia et le Vivo.*

Plantes trouvées entre les bains de St.-Philippe *et le* Vivo.

Sous le *Zoccolino.*

Pteris aquilina.
Mespilus pyracantha.
Digitalis lutea.
Agrimonia eupatoria.
Achillea ageratum.
Cuscuta epithymum attachée aux rameaux d'un spartium.

Ilex aquifolium.
Fagus sylvatica.
Carduus Boujarti.
Inula salicina.
Gnaphalium sylvaticum.
Digitalis ferruginea.
Dianthus virgineus.
Bryum tortuosum.

A la fontaine du *Zoccolino.*

Veronica beccabunga.
Samolus valerandi.

Polygonum persicaria.

Sur la plaine des *Renai.*

Pteris aquilina.
Spartium scoparium
Thymus serpyllum.
Rubus fruticosus.
Geranium columbinum.

Geranium rotundifolium. (*)
Lichen pustulatus.
———— geographicus.
Clinopodium vulgare.
Arundo epigejos.

Dans le torrent de l'*Ansidonia.*

Geranium nodosum.	*Lichen pulmonarius.*
Pulmonaria officinalis.	*Hypnum cupressiforme.*
Dianthus armeria.	——— *crista castrensis.*
Sedum cepæa.	*Sanicula europæa.*

(*) Les *pétales* sont obtus, de couleur rouge pâle. Les feuilles du calice sont striées, pointues, et terminées par un filet particulier. L'aiguille des arilles est trois fois plus longue que le calice.

Les *péduncules* alternes, axillaires, à deux fleurs, longs de deux pouces.

Les *bractées*, au nombre de quatre ; rouges, scarieuses, velues, situées à la division du péduncule.

Les *feuilles* obtusément quinquelobées, les lobes eux-mêmes sont obtus, et ont aux angles des glandules rouges. Ces feuilles sont opposées et alternativement plus grandes.

Les *stipules*, au nombre de quatre, placés à l'insertion des pétioles, semblables aux bractées, mais plus grands.

Les *nœuds* rouges et renflés.

La *tige* et les *pétioles* sont le plus communément rouges. Toute la plante est couverte de poils blancs et mous. Celle que nous avons trouvée est une des variétés que Bauhin indique dans son Pinax avec les pétales plus grands que les feuilles du calice.

CHAPITRE IV.

Le Vivo. *Manufactures de ce village.*
Voyage à Seggiano, *et à* Castel del
piano.

L E *Vivo* est un village éloigné de
quatre grands milles de *Campiglia*. Il appartenoit autrefois aux Camaldules qui
avoient un monastère dans ce pays, et
un hermitage fondé par St. Romuald lui-
même, qui y mena long-temps une vie
austère et pénitente. On voit encore
aujourd'hui dans le lieu même où est le
village, les restes de ce monastère où
habitoient sous Pie II, les religieux qui
désiroient vivre en commun d'une manière moins austère (*).

Le Pape Paul III Farnèse voulant
récompenser les services rendus à sa

____

(*) Voyez les Comment. de Pie II. Liv 9. page 400.

famille par le Cardinal Cervini, connu depuis sous le nom de *Marcellus II,* lors de la mort de *Pierre-Louis,* Duc de Parme et de Plaisance, et à l'installation d'*Octave Farnèse,* vendit cette possession au Cardinal. Mais la vente ne fut que simulée, et faite seulement pour éviter les propos; car le prix n'en excéda pas deux cents écus. Le *Vivo* étant passé de cette manière dans la famille du Pape *Marcellus,* elle l'a conservé sous le titre honorifique de comté qui relève pour le civil de l'*abbaye de St.-Salvadore,* et de *Radico-fani* pour le criminel.

Ce pays est triste, sauvage et désert; mais le palais du Comte est beau, bien bâti, et plus décoré qu'on ne l'imagineroit dans un lieu semblable.

Les Comtes ont profité d'un torrent très-rapide et très-abondant en eau, qui traverse le village, pour y établir diverses manufactures. Il y a une forge à fer et une forge à cuivre. L'un et l'autre métal y est travaillé, et réduit en lames par des marteaux que l'eau fait mouvoir. Un peu au-dessous est un moulin à huile dont les pilons sont pareillement mis en mouvement par l'eau. On voit encore une papeterie qu'a fait bâtir le Comte *Marcellus* d'aujourd'hui: l'édifice est beau et vaste ; on y fabrique du papier de diverses qualités.

L'abondance et la force de ces eaux qui coulent sans interruption, pourroient faire mouvoir dix fois plus de machines, et augmenter par conséquent le produit de ces manufactures. Placées comme elles le sont dans un pays abondant en bois et en charbon, et où les vivres ne sont pas chers, elles présenteroient certainement de grands moyens à un entrepreneur intelligent, actif et économe, sur-tout actuellement que par des vues sages et déjà établies en Toscane avec tant d'avantage, on y a, comme ailleurs, commencé à ouvrir des voies de communication avec les grands chemins du pays. En causant avec l'administrateur du *Vivo*, je lui donnai l'idée d'établir dans ce lieu une manufacture de fer-blanc. La grande quantité de fer qu'on y réduit en lames en faciliteroit parfaitement les moyens. Je lui offris même à cette occasion les notes que je fis en examinant une manufacture de fer-blanc sur les confins de la Lorraine, tout près de la Franche-Comté. Tout le monde sait combien la consommation de cet objet est considérable ; et il n'y en a pas de manufacture en Italie, du moins que je sache : c'est un tribut considérable que nous payons à la France et à l'Angleterre.

Il y a à un mille de *Vivo* une fontaine d'eau micafère, c'est-à-dire qui roule avec elle des paillettes de mica de couleur jaune bronzé. Il y en a une semblable à deux milles de l'abbaye de *St.-Salvadore*, sur le chemin qui conduit au *Vivo* ; ces paillettes ont fait donner à cette source le nom de fontaine de l'or. Au surplus, ces paillettes que l'eau entraîne dans son cours, et celles que l'on trouve mêlées dans plusieurs masses de terre de la montagne, proviennent toutes de la même cause. Elles faisoient auparavant partie des *peperini* graniteux, lorsque ceux-ci sont venus à se décomposer par l'action continuelle des eaux, des neiges, des glaces, et par le laps des temps, les paillettes micacées ainsi détachées, ont été facilement transportées par les eaux courantes. On les voit ou surnager et se déposer peu à peu dans les fontaines et dans les ruisseaux ; ou anciennement transportées, elles se trouvent dans les terres sur lesquelles l'eau passoit autrefois. Leur couleur, et leur brillant, font que le vulgaire ignorant attache un grand prix à ce phénomène qui est très-simple en lui-même.

Nous partîmes le 12 de grand matin du *Vivo* avec un guide du pays, et nous allâmes vers *Castel del piano*. Mais avant de prendre la route qui y conduit, nous eûmes envie de visiter l'ancien hermitage, et la source du torrent du *Vivo*, qui n'est guère éloignée de plus d'un mille de ce village. Le *Vivo* est entouré de toutes parts de châtaigneraies qui font une riche partie des revenus du Comte, Seigneur de cet endroit. Mais sur la rive droite du torrent, en montant vers l'hermitage, nous vîmes de très-beaux sapins, les seuls qui se trouvent sur la montagne. En continuant de monter, après avoir passé la ferme de la *Sega* qui appartient au Comte de *Cervini*, nous vîmes paroître les *pierres calcaires coltellines*, et les *peperini* disparurent. Mais nous vîmes qu'ils continuoient dans le lit du torrent ainsi que sur sa rive opposée.

Nous étions tout près de l'hermitage, lorsque nous fûmes soudain accueillis d'un orage épouvantable qui nous obligea de nous réfugier dans la petite église de cet hermitage, qui par bonheur se trouva ouverte. Nous eussions bien désiré pouvoir y faire entrer aussi nos chevaux, mais cette idée scandalisa tellement notre guide, que nous nous contentâmes de les loger sous un toit à pourceaux, tellement mal couvert, que nos équipages furent absolument trempés. Le thermomètre qui la veille à la même heure étoit à 24 degrés au-dessus de zéro, descendit à 10 degrés, de sorte que le froid qui survint aussi brusquement, la grêle, la pluie impétueuse, les éclairs continuels, et les coups de tonnerre qui résonnoient majestueusement dans ces montagnes, rendirent notre position fort peu agréable pendant les deux heures que dura cet orage.

On voit autour de cette église les ruines des murs de l'ancien hermitage où habitoient les Camaldules qui préféroient une vie austère et retirée. A quelques pas au-dessus on voit deux bouches d'où sort tant en été qu'en hiver une grande quantité d'eau toujours également abondante, et toujours rapide, qui forme la source du torrent du *Vivo*. A peu de distance de là on voit ce torrent s'enfouir sous terre, sous le monticule sur lequel est bâtie l'église, et reparoître un peu plus loin au pied de cette même colline. De là il passe au village, où une partie de ses eaux est employée aux fabriques et manufactures dont nous avons parlé ; puis , après s'être grossi des eaux de l'*Ansidonia* , il va se jeter dans la rivière *Orcia*.

Sur toute la côte comprise entre l'*Ansidonia* et le *Vivo* , on voit de grands et énormes rochers de *peperino* qui, depuis le haut de la montagne , se prolongent jusques au-dessous du village où on les voit terminés à droite et à gauche par les deux torrens: au-delà , tout le pays voisin est entièrement calcaire. Il me sembloit voir des vestiges d'une lave antique , qui, descendue du haut d'un mont volcanique, et trouvant une issue favorable , s'y est jetée, et s'est étendue fort au loin dans la plaine , où , après s'être refroidie et étant devenue solide , elle est restée isolée, et tellement différente des autres substances voisines , qu'elle forme un monument éternel des ravages qu'elle a faits dans ce pays.

Comme l'orage continuoit encore , nous abandonnâmes le projet d'aller par le chemin de la forêt pour éviter d'être inondés d'une autre manière par les feuillages des buissons et des broussailles surchargées d'eau qu'il nous eût fallu traverser, nous préférâmes un chemin découvert qui se trouve au pied de la montagne, et nous cherchâmes à découvrir le point où cessoit le *peperino*. Il continuoit à notre gauche, et en le côtoyant ainsi de plus ou moins près, nous descendîmes dans un terrain calcaire jusques au torrent *Vetra*, auprès duquel je détachai d'une masse de pierre à chaux une croûte composée de cristaux de roche très-transparens, et mêlée de cristaux de spath calcaire rhomboïdal.

Lorsqu'on va du *Vivo* à *Castel del piano*, le torrent *Vetra* présente du côté opposé un aspect très-curieux. Sa rive, de ce côté, et spécialement à la gauche du chemin, est presque perpendiculaire et taillée à pic, et a au moins cinquante brasses d'élévation. Cette espèce de mur est composé de couches parallèles et horizontales de pierre calcaire-coltelline, mais si

serrées

serrées et si bien disposées depuis le bas jusqu'au haut, que l'on jureroit que c'est une construction en brique qui a pour ciment le peu de terre qu'il y a dans les interstices de ces lits de pierre calcaire. Mais vers la base qui est baignée par l'eau de la *Vetra*, ces lits sont beaucoup plus rapprochés les uns des autres ; on n'y apperçoit presque pas de terre intermédiaire : ce qui donne à cette partie l'apparence d'un mur de brique bâti à sec.

Après avoir passé le torrent appelé le *Bugnano*, on voit de nouveau reparoître les *peperini*. Nous attachant à suivre leurs traces, et à voir jusqu'où ils se prolongeoient, nous descendîmes à pied de la montagne le long de *Bugnano*. Nous les vîmes constamment continuer au-delà du torrent, mais au bas de la descente on y voyoit aussi des pierres mêlées de pierres calcaires ; tandis que du côté opposé, il n'y avoit que des masses de rochers de pierre calcaire et de pierre sablonneuse ou grès : comme nous étions tout près

E

de *Seggiano*, nous revînmes un peu sur nos pas pour l'aller visiter. *Seggiano* est un bourg situé sur une colline élevée et isolée, au pied de laquelle coule le *Vivo*; il y a un pont à l'endroit même où il reçoit les eaux du torrent *Vetra*. Ce bourg est à cinq milles du *Vivo*, au moins par le chemin que nous tinmes, et à quatre milles de *Castel del piano*; le chemin en est affreux.

On peut le considérer comme la limite naturelle de ce côté, de la montagne de *St.-Fiora*. Ce bourg est petit, mal bâti, et renferme environ quatre cents habitans. La colline sur laquelle il est situé, est plantée d'un grand nombre d'oliviers, parmi lesquels il y en a de très-vieux et d'une grandeur extraordinaire. Ils sont sujets à souffrir chaque année plus ou moins les rigueurs des hivers, de sorte qu'un froid plus considérable que de coutume ne les feroit pas périr; ce qui n'arrive pas dans des pays plus tempérés, où un froid extraordinaire surprend et fait périr les arbres de cette espèce qui n'y sont pas accoutumés, de manière qu'ils ne parviennent jamais à la vétusté et à la grosseur de ceux de *Seggiano*. Le noyau de cette colline est de pierre calcaire, de pierre sablonneuse, ou de grès très-fin.

Seggiano est du diocèse de *Montalcino*, et relève pour le civil de *Castel del piano* qui en est à quatre milles; et pour le criminel, il relève d'*Arcidono*. C'est là que commence la Province Siennoise dite *inférieure*, parce que dans la division moderne du Siennois on a compris le vicariat d'*Arcidosso* dans la province inférieure pour servir de quartiers d'été.

Nous prîmes ensuite la route de *Castel del piano* par un chemin rompu et très-difficile, mais presque toujours ombragé par des châtaigniers. On commence par y trouver des pierres calcaires et sablonneuses, telles que celles dont nous avons parlé. Auprès du torrent *Ormena*, on voit dominer les pierres calcaires; mais quand on l'a passé, on voit reparoître les grès, et on ne trouve plus aucun *peperino* jusqu'au torrent *Bugnano*. Ce torrent traverse le chemin, et il continue, comme nous l'avons observé plus haut, d'être la limite des *peperini*. En effet, dès que nous fûmes arrivés à ce torrent, nous les vîmes tout de suite reparoître, et continuer, mêlés de pierres calcaires à travers les vignes, puis cesser insensiblement vers le bas, jusques aux torrens inférieurs. Depuis le *Bugnano* nous ne perdîmes plus de vue le *peperino*, qui continua jusqu'à *Castel del piano*, où il est connu sous le nom de pierre saline (*pietra salina*). Nous arrivâmes à ce dernier endroit vers le soir, et nous employâmes le reste du jour et la soirée à mettre en ordre nos plantes et nos minéraux, et à réparer les dommages que l'orage avoit fait à nos équipages.

Minéraux recueillis entre le Vivo *et* Castel del piano.

Pierre calcaire couverte de beaux cristaux de spath rhomboïdal épars sur une sur-

face de petits cristaux de roche d'une
très-belle eau. *Près du torrent Vetra,
entre le Vivo et Castel del piano.*

*Plantes observées entre le Vivo et Castel
del piano.*

Au *Vivo.*

Pinus picea. (1)
Hyosciamus niger.
Echium vulgare.

Circea lutetiana.
Scrophularia peregrina.

A *Seggiano.*

Trifolium agrarium.
Spartium scoparium.
Hypericum perforatum.
Prunella vulgaris.
Buphtalmum spinosum.
Fagus castanea.
Olea europæa.
Melica ciliata.

Holcus lanatus.
Pteris aquilina.
Ornithopus scorpioïdes.
Tordylium anthriscus.
Medicago polymorpha orbi-
    culata.
Adonis æstivalis.
Linum hirsutum.

Sur le mur du chemin qui borde le torrent
Vetra , et sur la rive de ce torrent près
du pont de *Seggiano.*

Arundo ampelodesmos. Cirill. fasc. flor. Neap.
Gnaphalium Stœchas,
Santolina chamæcyparissus, } Canapicchie.
Schœlina dubia.

Teucrium montanum & su-   *Onosma echioïdes.*
   pinum.   *Ferula nodiflora.*
Dianthus carthusianorum.

---

(1) Ce sapin est l'*abies conis sursùm spectantibus s. mas* du pinax de G. Bauhin. L'*abies femina*, ou *elate teleja* décrit et figuré dans l'histoire de Jean Bauhin, que Lamarck appelle *pinus pectinatus*, et qui, depuis Linné, étoit connu de tous les botanistes, sous le nom de *pinus picea* : aujourd'hui Gmelin l'appelle *pinus abies*, et a appelé *pinus picea* le *pinus abies* de Linné. C'est un de ces changemens incommodes des noms triviaux qui se trouvent dans la dernière édition du *Systema Naturæ*.

CHAPITRE V.

Castel del piano, *et son territoire.*

LE 13, à notre lever, nous passâmes une heure à visiter *Castel del piano.* Ce bourg est situé dans le département de la province inférieure de Sienne : c'est le lieu de résidence du Gouvernement de *Grosseto* pendant l'été. Il fait partie du diocèse de *Montalcino* pour le civil; il est gouverné par un *Potesta,* et relève pour le criminel d'*Arcidosso,* qui n'en est pas éloigné. Sa population tant du bourg même que de ses dépendances, est d'environ deux mille ames. La partie la plus ancienne de ce bourg, est irrégulière, mal bâtie, et on ne peut plus hideuse; mais il y a une rue bâtie à la moderne, appelée *il Borgo* sur un terrain uni, et qui est formée de maisons régulières et mieux construites.

E 4

Le *peperino* ou (comme on dit dans le pays) la pierre saline est celle que l'on emploie le plus communément dans le pays. On s'en sert pour paver les rues, pour bâtir les maisons; on en fait des corniches, des colonnes, et autres ornemens pour les églises: mais, comme il est d'un grain grossier, tendre et inégal, il n'est pas susceptible de recevoir le poli.

Le *peperino* s'attendrit, et se réduit peu à peu (sur-tout quand il est exposé à l'action des eaux, des glaces et des neiges) en sable cristallin, très-abondant en particules de feld-spath et de mica. Aussi il fournit un sable excellent pour bâtir, et très-tenace quand il est mêlé à la chaux.

Après que nous eûmes examiné ce bourg, nous employâmes la journée à en visiter les environs.

Le territoire de *Castel del piano* est fort resserré, et ses habitans vont rechercher des portions de terrain dans les contrées voisines. Outre les belles châtaigneraies qui l'environnent, en descendant un peu plus bas, on voit des vignes très-bien cultivées, et au-dessous des olivètes, c'est-à-dire des champs d'oliviers. Les habitans voisins de *Castel del piano*, avouent que ces derniers les surpassent dans l'art de la culture des terres, et sur-tout dans celui de cultiver la vigne.

En effet, le vin est la plus riche production du pays ; il est passablement bon, et a une certaine renommée tant sur la montagne que dans la maremme. (*)

Les châtaigniers qui y sont superbes font le second objet de la richesse du pays ; ils sont plantés sur un sol tenu en forme de prairie, et très-bien entretenu. L'abondance des sources d'eau limpide que les cultivateurs dirigent çà et là à leur volonté selon le besoin, arrose en été ces prairies et ces châtaigneraies, et en font un séjour délicieux qui fait envie

---

(*) On appelle ainsi les plaines desséchées et voisines de la mer, qui autrefois formoient des marais.

à quiconque est accoutumé à vivre dans un pays aride. Mais les chemins de cette contrée sont si détestables, sur-tout dans la mauvaise saison, qu'ils affoiblissent beaucoup ces avantages, et diminuent infiniment l'activité et l'industrie de ses habitans.

Dans plusieurs endroits aux environs de *Castel del piano*, et sur-tout dans celui appelé *les Mazzarelles*, à l'ouest du bourg, en descendant vers le torrent *Lente*, on trouve en creusant la terre, au-dessous de la terre végétale, une couche plus ou moins épaisse d'une terre un peu tenace quand elle est fraîche, et d'une belle couleur jaune : en continuant de creuser, on trouve au-dessous de celle-ci une terre bolaire encore plus tenace, de couleur hépatique très-brune, tandis qu'elle est en mottes ; mais qui devient d'un jaune brun quand elle se réduit en poussière. La première s'appelle *terre bolaire jaune*, et la seconde *terre d'ombre*.

Si on les calcine au feu, la jaune prend une couleur rouge-safran, et la terre d'ombre devient de couleur rouge-marron, et permanent. Les acides en dissolvent plus de la moitié sans effervescence. L'aimant n'a aucune action sur elles, mais il attire plusieurs particules de la terre d'ombre, après qu'elle a été soumise à l'action du feu.

La jaune donne au verre une belle couleur vert foncé, et un vert plus clair si on en diminue la dose. La terre d'ombre donne au verre une belle couleur de chrysolite quand on l'emploie à la dose de $\frac{1}{50}$.

Voici l'analyse de la terre jaune :

Fer. . . . . 056.
Argile . . . . 024.
Silex . . . . 017.
Magnésie. . . . . . . 003.

Analyse de la terre d'ombre.

Fer. . . . . 050.
Argile . . . . 024.
Silex . . . . 021.
Magnésie. . . . . . . 005.

L'une et l'autre sont employées en peinture, mais la seconde a beaucoup plus de prix. En effet, elle a été tellement recherchée dans ces dernières années, et sur-tout en Angleterre et en Hollande, qu'on en a enlevé plusieurs milliers de livres, et que l'on en a vendu jusques à onze livres le quintal à la carrière.

Après en avoir examiné les propriétés et la composition, je pense que cette terre peut servir non-seulement à la peinture, mais encore elle peut être très-utile pour la marine, en la mêlant à des matières huileuses ou résineuses pour goudronner les vaisseaux et les chaloupes. Je crois encore qu'elle pourroit être employée à la teinture, soit en fournissant par elle-même une couleur brune et durable, soit en donnant du corps et de la force aux autres matières colorantes.

Dans les excavations de cette terre jaune, on trouve souvent des morceaux d'une substance ferrugineuse. J'en ai quelques stalactites qui sont ronds à l'extérieur, et composés à l'intérieur de petites lames de fer brunes, très-dures, qui, étant disposées en forme d'étui, représentent diverses cavités longitudinales, entre lesquelles on remarque des colatures mamillaires tantôt rondes, tantôt oblongues. Leur surface externe et interne est le plus souvent couverte d'une couche d'ochre extrêmement mince, ou d'oxide de fer jaune clair. J'ai classé ces morceaux dans ma collection, sous le nom de *fer limoneux stalactitique*.

En descendant à ces excavations, nous trouvâmes divers morceaux de *plumbago* ou *carbure de fer*, qui se trouvent isolés et détachés sur la surface de la terre. On les voit naturellement enchâssés dans le *peperino*, et j'y en ai trouvé très-souvent. Mais l'effet des eaux courantes, la décomposition du *peperino*, et le choc des passans, en détachent continuellement des fragmens qu'on voit ainsi solitaires.

Outre la plombagine, on trouve encore enchâssés dans de grandes masses

de *peperino*, des pierres de diverses qualités; tantôt c’est un morceau de *peperino*
plus compacte ; tantôt c’est une pierre
micacée, et des fragmens de schiste ou de
roches antiques qui n’ont point souffert
l’action du feu, et toutes s’appellent vulgairement dans le pays *anime di sasso*.
Voilà des preuves évidentes que le *peperino*
étoit de consistance pâteuse, lorsque ces
substances étrangères y ont été renfermées.

Parmi les différentes ames de roche
(*anime di sasso*) que nous recueillîmes,
il y en a quelques-unes de fort intéressantes.
Elles sont parsemées de prismes opaques
souvent très-petits, tantôt noirs, tantôt
cendrés, et de figure tétraèdre, malgré
qu’ils soient enclavés à toute la substance.
Ces petits cristaux sont, à ce que je crois,
de petits feld-spaths, ou fragmens de feld-
spath qui ont été altérés anciennement par
l’action du feu, et par les exhalaisons
méphitiques. Il y a quelques morceaux
de ces *ames de roche* dans lesquels on
trouve beaucoup de fer spéculaire qui

fournit le sable ferrugineux des ruisseaux de la montagne.

En descendant du côté du nord de *Castel del piano*, précisément au-dessus du lieu nommé *Fondo del Lupo*, nous vîmes des rochers très-élevés de *peperino* de diverses couleurs, gris, bruns, rouges et mélangés. en tournant à droite, on trouve le torrent appelé *Fiume dei Càni* sur les rives ruinées duquel nous vîmes des lits très-profonds d'une pierre brune, lamelleuse, à lames grosses, luisantes à la surface, et souvent curvilignes et concentriques.

Après avoir bien examiné cette pierre, elle m'a paru une véritable terre argilleuse bolaire durcie, fort ferrugineuse, et tellement analogue à la terre d'ombre, qu'il semble ou que celle-ci en a tiré son origine, ou que ces deux substances proviennent de la même source.

Il paroît que les couches de cette pierre sont au-dessus des *peperini*, ou au moins qu'ils occupent une place moyenne entre ceux-ci et les pierres calcaires.

En effet, on voit des bancs ou des couches de ces dernières dans plusieurs endroits de la rive gauche, au-dessous des couches de la pierre lamelleuse, plus encore dans le lit du torrent, et sur la rive opposée, et enfin ils dominent dans les champs qui sont au-delà du torrent.

Au reste, sur la rive gauche du torrent nous voyions des masses de ce rocher argilleux se défaire, se décomposer, et tomber en ruine. Nous voyions des masses énormes de *peperino* qui encombroient le lit du torrent, et formoient un obstacle au cours de l'eau. Nous le voyions devenir après plus rare dans les champs, à la droite du torrent, et reparoître pourtant en morceaux épars çà et là qui s'étoient probablement écroulés du sommet des montagnes. Enfin, au bas de la côte, on les perd totalement de vue.

Nous recueillîmes encore dans le lit du *torrent des Chiens* différens morceaux d'une pierre argilleuse tendre , fissile, friable et dendritique.

Plus

Plus nous descendions, en suivant ce torrent, plus nous rencontrions des pierres calcaires, et le *peperino* devenoit de plus en plus rare jusqu'au *Lente* dans lequel se décharge le *torrent des Chiens*. Le *Lente* est une rivière qui prend son origine au pied de la grande montagne entre *St.-Fiora* et *Arcidosso* ; il se dirige vers *Castel del piano* dont il rase le territoire au couchant, et après avoir reçu les eaux de divers torrens, il finit par se jeter dans la rivière *Orcia*.

Le *Lente* sert dans son cours de limite au *peperino* qui abonde constamment à la droite du *Lente* dont il encombre le lit en grandes masses détachées, tandis qu'à la gauche on voit dominer les pierres calcaires ou le grès.

En remontant le cours du *Lente*, nous recueillîmes plusieurs ames de roche, des cailloux spatheux, des cailloux silicés crevassés, et des pierres calcaires de diverses couleurs avec des filets spatheux, et nous arrivâmes au pont de *St.-Processo*. Là nous

F

quittâmes le torrent, et nous marchâmes vers *Castel del piano* à travers les châtaigneraies. Alors nous ne trouvâmes plus de grès ni de pierres calcaires, mais seulement des *peperini* en abondance.

A notre retour, nous passâmes par *St.-Processo*. C'étoit autrefois une église et un couvent de Cordeliers, il a été supprimé il y a peu d'années; mais il est tellement dégradé, qu'il n'offre plus aujourd'hui qu'un amas de ruines, et ressemble à un édifice qui auroit été détruit, il y a plusieurs siècles, par les Barbares.

Avec un peu plus de modération, et un peu moins d'envie de détruire, si on se fût abstenu d'en enlever les matériaux, on eût pu, à bien peu de frais, en faire un lieu commode qui eût pu servir de magasin dans ces châtaigneraies, où les habitations sont très-rares.

Après dîné nous repartîmes de *Castel del piano*, et nous nous avançâmes dans les châtaigneraies situées au-dessus de ce lieu, pour en examiner les environs du côté du midi. Nous y trouvâmes beaucoup de plantes, sur-tout du côté de la fontaine. A quelques pas de cette source, au bord de la prairie, et au commencement des châtaigneraies, il y a une carrière de terre blanche, appelée dans le pays (*latte di luna*) lait de lune. Nous y fîmes creuser par un laboureur que nous avions pris avec nous. Nous trouvâmes d'abord un lit de terre végétale, et une grande quantité de terreau brun, rempli et composé de fragmens de végétaux décomposés, tels que des feuilles, des branchages, des écorces et des racines de châtaigniers. Immédiatement sous ce lit commence le lait de lune. C'est une terre légère, poreuse, un peu tenace et humide, ce qui fait qu'on l'en retire en pièces ou mottes. Elle est d'un beau blanc, quelquefois un peu tachée de couleur jaunâtre ou brune par le suc des végétaux pourris et décomposés.

En effet, si on l'expose ainsi tachée pendant quelque temps à l'air libre et au soleil, elle s'y dessèche, perd sa ténacité, et devient extrêmement blanche : signe évident que la matière colorante qui la tache accidentellement, est végétale.

Vue à la loupe, on découvre qu'elle est composée en grande partie de petits cristaux brillans, en forme d'aiguilles, mais ils ne se voient pas à l'œil nu.

Humectée avec de l'eau, elle exhale une odeur un peu argileuse, et une légère fumée : elle est légérement ductile. Exposée au feu sans addition, elle y reste infusible, et y perd seulement la huitième partie de son poids. M. Jean Fabbroni, mon ami, l'a employée dans une expérience vraiment jolie et ingénieuse. Il en a formé des briques qui avoient de la consistance, et qui, en même temps, surnageoient sur l'eau. J'invite le lecteur à lire le mémoire qu'il a publié à cette occasion : je me bornerai à observer que d'après l'analyse exacte qu'il en a faite, il paroît que cette terre est composée de silex, de magnésie, de chaux, de fer et d'eau dans les proportions suivantes.

Silex . . . . 055.
Magnésie. . . . . . . 150.

Eau . . . . 014.
Argile . . . . 012.
Chaux. . . . . 003.
Fer . . . . 001.

Sa composition est donc bien différente de l'autre terre, vulgairement connue sous le nom de *lait de lune*, qui n'est autre chose qu'un vrai carbonate d'argile.

Cependant, pour ne pas confondre ensemble tant de substances diverses, nous appellerons cette terre blanche de Montamiata *farine fossile*, conformément au nom que lui a donné M. *Fabbroni*.

Ce nom qui a été employé vaguement par d'autres naturalistes (parmi lesquels il y en a eu plusieurs, et entr'autres *Colonna*, qui ont cru qu'il se trouve vraiment une farine fossile propre à faire du pain) sera beaucoup mieux consacré à cette terre composée.

Nous avons vu dans ces pays plusieurs masses de *peperino fatiscent*, ou en décomposition, pénétré d'humidité, et devenu tendre et friable. Nous avons ensuite observé qu'il s'en détachoit une terre blanchâtre, un peu analogue à la farine fossile, mais un peu plus grenue. Il ne paroît donc pas invraisemblable que cette terre blanche du *peperino* séparée, transportée par les eaux, et ensuite déposée, ait donnée peu à peu naissance à ces couches de farine fossile.

Au surplus, outre plusieurs usages auxquels M. *Fabbroni* l'a employée, elle sert communément à nettoyer les ustensiles de métal : c'est spécialement à cet objet auquel on l'emploie : on en envoie même hors du pays.

Parmi les divers *peperini* que nous avons trouvés aux environs de *Castel del piano*, il y en a un rouge qui a beaucoup de ressemblance avec le granit rouge d'où il paroît tirer son origine. Il y en a un autre noir, tout parsemé de cristaux de feldspath, les uns blancs, demi-opaques et striés ; les autres lisses et absolument transparens. Le ciment en est extrêmement noir, opaque, et a certaines apparences de demi-fusion, sur-tout dans quelques

cavités dans lesquelles on observe , indépen-
damment d'un vernis vitreux , des colatures
ou filamens comme de pierre ponce.

Ce *peperino* est très-beau : les cristaux
de feld-spath blanc sur un fond absolument
noir , font un très-bel effet. Voilà , d'après
l'analyse chimique , les substances dont il
est composé :

Silex. . . . . 079.
Fer. . . . . 014.
Argile . . . . 005.
Magnésie . . . . 002.

J'ai trouvé les mêmes substances dans
d'autres *peperini* du Montamiata , et sur-
tout dans le *peperino* rouge dont j'ai parlé ;
mais il contient un peu plus de silex et
moins de fer que le noir.

Ces *peperini* résistent plusieurs heures
au feu sans s'altérer , mais tenus au grand
feu de fusion pendant quarante-huit heures
de suite , ils se sont tous convertis en
émail ou verres opaques , dans lesquels
les feld-spaths avoient diminué de volume,
et quelquefois même étoient restés in-

tacts dans l'intérieur ; à l'extérieur ils étoient en fusion et couverts d'une couche vitreuse, luisante, blanche et presque cristalline.

Minéraux recueillis dans les environs de Castel del piano.

Pierre argileuse bolaire, noirâtre, lamelleuse, luisante, douce au toucher, et très-martiale. *Sur les rives du torrent des Chiens, au-dessous de Castel del piano.*

Pierre calcaire spatheuse. *Au torrent Lente, au-dessous de Castel del piano.*

Pierre calcaire verdâtre avec des filets spatheux. *Ibid.* Elle doit au fer sa couleur, car elle devient blanche dès que ce métal en est séparé.

Pierre calcaire rougeâtre, fissile, que l'on prend au premier abord pour un schiste. *Ibid.*

Pierre argileuse brune avec des filets spatheux. *Ibid.*

Pierre calcaire rouge avec des filamens spatheux réticulés. *Ibid.*

Farine fossile communément appelée *lait de lune. Au commencement des châtaigneraies, près de la fontaine de Castel del piano.*

Peperino très-noir, farci de gros et de petits cristaux de feld-spath blanc. *Dans les environs de Castel del piano.*

Peperino gris-blanc, filamenteux en partie, et assez semblable à la pierre ponce. *Aux Ciaccine, au-dessus de la fontaine des Miglianelli à Castel del piano.*

Peperino avec *ame de roche* portant indices de fusion, à peu près semblable au précédent. *Ibid.*

Peperino avec deux *ames de roche* dans la composition duquel on voit des colatures, les unes opaques, d'autres vitreuses et transparentes. *Ibid.*

Peperino rougeâtre avec *ame de roche. Aux Cellane, au-dessous et près de Castel del piano.*

Peperino gris, dans les petites cavités duquel se voient des colatures et des filets fibreux semblables à la pierre ponce, qui démontrent évidemment l'action du feu. *Aux Ciaccine.*

Peperino noir, parsemé de petits cristaux de feld-spath blanc, dont les uns sont à demi-transparens, les autres tout-à-fait transparens et cristallins avec quelques paillettes de mica noir. *Sous Castel del piano en descendant vers les Mazzarelle.*

Autre *peperino* semblable, sur la surface duquel on voit des colatures jaunes et brunes. *Ibid.*

Peperino gris-rouge, composé de mica brun, de feld-spaths blancs, transparens, et de feld-spaths rouges, presque tous demi-transparens. *Aux Cellane di sotto.*

Peperino celluleux, fibreux, indiquant dans sa masse un principe de fusion pâteuse, tenace et dense, d'après laquelle il est venu à s'étendre dans toute la substance en colatures grossières et compactes. *Au-dessus des Ciaccine.*

Peperino avec de petits prismes de schorl noir, luisans; il y en a quelques morceaux où ces petits prismes sont plus remarquables, et avec des colatures fibreuses, les unes noires, les autres rouges, et d'autres jaunâtres, qui ressemblent à un émail coloré par le fer. *Au-dessus de Castel del piano.*

Ame de roche et souvent de *plumbago. Dans les peperini de divers lieux du Montamiata.*

Ame de roche de pierre composée très-dure, parsemée de mica et de feld-spath dans un ciment gris-opaque. *Ibid.*

Ame de roche graniteuse, semblable à la précédente, à la surface de laquelle on voit une couche de colature vitreuse très-remarquable, jaunâtre, et ressemblant un peu à la pierre ponce. *Ibid.*

Ames de roche diverses, toutes parsemées de petits barreaux ou prismes de feld-spath opaques, dont les plus gros et les plus visibles semblent être tétraèdres, noirs ou cendrés. *De différens endroits du Montamiata.*

Terre d'ombre brune. *Dans des excavations sous Castel del piano.*

Terre bolaire jaune. *Dans les excavations sous Castel del piano.*

Stalactites ferrugineux. *Ibid.*

Pierre argileuse, fissile, et dendritique à l'intérieur. *Au torrent des Chiens, sous Castel del piano.*

Sable cristallin avec des feld-spaths. *Au fond du Lupo, sous Castel del piano.*

Plantes des environs de Castel del piano.

A la fontaine.

Sagina procumbens.
Viola canina.
Tormentilla erecta.
Mœhringia muscosa.
Asplenium adianthum nigrum.

Au-delà de cette fontaine autour des sources.

Viola tricolor. α
Aira caryophyllea.
Euphrasia odontites.
Chærophyllum temulum.
Dianthus prolifer.
Draba verna. (1)
Lichen caninus.
Jungermannia platyphylla.
Scrophularia vernalis.
Bryum apocarpum. α
Polytrichum nanum.
Rumex acetosella.
Polypodium filix mas
Circæa lutetiana.

Jungermannia tamariscifolia.
Sium nodiflorum.
Polygonum hydropiper.
Salvia glutinosa.
Evonymus Europæus.
Mnium scoparium.
Hypnum gracile.
Hypnum proliferum.
Asclepias vincetoxicum
Jungermannia complanata.
Lapsana communis.
Chrysanthemum segetum.
Veronica beccabunga.

En allant aux *Ciaccine*.

Serapias rubra.
Scleranthus annuus.
Trifolium repens.
Verbascum thapsoïdes.
Cynosurus cristatus.

Cistus guttatus.
Trifolium glomeratum.
Lonicera etrusca. — Mansorino. (1)

A la ferme des Cellanes sur des masses de *peperino* rouges.

Lichen pustulatus.

Derrière la *Madonna dell'Opera*.

Trifolium arvense.

Dans le fond du *Lupo*.

Sphagnum arboreum.
Veronica beccabunga.
Teucrium scordium.
Asperula cynanchica.
Spartium junceum.
Bromus secalinus.
Euphorbia cyparissias.
Senecio jacobæa.
Trifolium hybridum.
Euphrasia officinalis.

Lamium album.
Cuscuta Europæa, urticæ adnexa.
Bryum pomiforme.
Filago arvensis.
Thlaspi campestre.
Gnaphalium sylvaticum.
Trifolium agrarium.
Jungermannia undulata.

Sur les rives du fleuve des Chiens.

Centaurea splendens.
Epilobium hirsutum.
Anthemis cota.

Lapsana zacintha.
Serratula arvensis.
Hieracium pilosella.

(1) *Draba verna, scapis nudis, foliis subserratis.*
(Linn. ed. Gmel.)

Draba verna, siliculis ovatis polyspermis, scapo nudo paniculato, foliis spatulatis apice dentatis, petalis bifidis. (Nobis) ⊙

Cette plante qui dans les pays les plus chauds fleurit à la fin de l'hiver, fleurit dans ce lieu vers la mi-août. Au commencement de la floraison, les fleurs paroissent conglomérées, mais à mesure que la tige et les péduncules prennent de l'accroissement, la panicule se développe, s'étend, et prend son attitude naturelle. Les pétales sont bifides, et les segmens sont obtus. Les silicules sont glabres, vertes au commencement, et deviennent rougeâtres quand elles sont en maturité. Les feuilles sont en forme de spatules radicales, disposées en forme de rosette, et ont deux ou trois dents au sommet. Les tiges, les calices et les feuilles sont couverts de petites glandes sétacées, et deux ou trois furquées. *Curtis* en a donné une bonne figure dans la Flore de Londres.

(2) *Lonicera etrusca, floribus ringentibus, capitulis terminalibus plerumque ternis, foliis deciduis, pubescentibus, oppositis : summis connato-perfoliatis : inferioribus petiolis tantum connatis.* (Nobis) ♃ (Voyez fig. première.)

Nous y avons ajouté le nom vulgaire qu'on lui donne dans quelques pays de la Toscane, et nous ne manquerons jamais de les donner lorsque l'occasion s'en présentera. La plante est d'un vert-jaune. Ses fleurs sont capitées comme dans le *L. periclimenum* Ses feuilles sont ovales, arrondies, velues, avec une côte et des veines de la même couleur; elle fleurit en mai. La corolle est jaune en dedans, rougeâtre en dehors, et très-odorante. La tige de celui-ci est beaucoup plus forte que celle des deux autres espèces de *Lonicera*, que nous avons trouvées au *Montamiata*.

Comme nous n'avons trouvé dans les auteurs que nous avons consultés, aucune figure ou description qui convienne à cette espèce, nous en donnons ici la figure au moyen de laquelle et des caractères qu'on vient d'exposer, on jugera facilement de sa différence d'avec les autres. Au surplus, (et nous le disons une fois pour toutes) lorsque nous donnons la description et la figure de plantes nouvelles, nous entendons dire qu'elles sont nouvelles pour nous, et par rapport aux ouvrages que nous avons pu consulter. Mais nous sommes prêts à abandonner toute espèce de prétention, dès le moment que quelqu'un, mieux fourni en livres que nous ne le sommes, se sera apperçu que nous avons été prévenus par quelque Auteur qui ne sera pas tombé entre nos m ains.

CHAPITRE VI.

Voyage à Montegiovi, à Montelatrone, à Monticello , *et retour à* Castel del piano.

LE 14 au matin nous allâmes vers *Montegiovi* en descendant à travers les châtaigneraies , et après avoir traversé les vignes, nous arrivâmes à la rivière *Lente.* Après l'avoir passée, et fait quelques pas vers *Montegiovi* qui étoit un peu plus loin, nous trouvâmes un amas ruiné de couches de grès. Nous en détachâmes un fragment qui étoit tout couvert d'un côté de spath calcaire, lenticulaire et demi-transparent. Du reste, il y a dans ce grès beaucoup de parcelles calcaires ; car les acides le dis olvent en partie, et avec effervescence.

Nous avons trouvé quelquefois dans la cassure de cette pierre du solfure de fer cristallisé.

cristallisé. Nous en prîmes quelques morceaux. Toute cette colline, sur la crête de laquelle est situé *Montegiovi*, est composée de la même espèce de pierre. Ce bourg est bâti sur un rocher de même nature, dont les diverses couches sont absolument verticales, et ont entr'elles des veines de spath calcaire.

Nous descendîmes à *Montegiovi* chez M. *Vegni*, qui est la seule maison aisée, et la plus apparente de cet endroit. Nous en fûmes accueillis avec un empressement et une effusion de cœur extraordinaires.

Montegiovi est un petit bourg mal bâti, hérissé de rochers, et situé, comme nous l'avons dit, sur le sommet d'un mont isolé. Il est à environ trois milles de *Castel del piano*, mais le chemin qui y conduit est si difficile, qu'il semble doubler cette distance. Ce lieu étoit autrefois une terre féodale appartenant à la maison *Salimbeni;* il passa par droit d'héritage d'*Antoinette Salimbeni* à *Sforza de Cotignola;* de leur

G

mariage naquit *Buozo Sforza*, qui est l'auteur de la famille des *Sforza*, Comtes de *St. Fiora*. (*) Mais étant devenu partie du domaine de Sienne, ce fief subit le sort de cette République, et Ferdinand II l'inféoda ensuite aux Marquis *Bartolomei* de Florence. Il est retourné de nos jours sous la domination immédiate du grand Duc; et il relève de *Castel del piano* pour le civil, et d'*Arcidono* pour le criminel. On y voit encore les restes d'un vieux château fort, dont les murailles ont environ seize pieds d'épaisseur.

Ce lieu est fort petit, et ne renferme pas plus de trois cents habitans; ils sont pauvres, mais ils ne sont pas mendians. Aucun d'eux ne nous a demandé l'aumône. Tous possèdent quelque petit morceau de terre en propre qu'ils cultivent de leurs mains, et qui suffit pour nourrir, frugalement à la verité, le propriétaire avec

______

(*) Voyez *Orlando Malevolti Stor. di Siena. Lib. I. Girolamo gigli Diar. Senes. Par. II.*

sa famille. Au reste, ils sont si bonnes gens, que dans le temps même que *Montegiovi* étoit terre féodale, il n'y a jamais eu de juges, ni de sbirres, ni de prison, (*) et qui plus est, il n'y en a jamais eu besoin.

Après être partis de *Montegiovi*, nous nous avançames par la colline à *Montelatrone*. Le grès grenu cesse en un lieu appelé le *Poderino*, et la pierre calcaire commence à paroître. Mais aux approches de *Montelatrone*, le même grès de nature un peu calcaire recommence à dominer. Le mont sur lequel est bâti *Montelatrone* en est absolument composé. Ce bourg escarpé et mal bâti, est situé entre *Castel del piano*, *Montegiovi*, *Monticello* et *Arci-dosso*, et n'est pas à plus de deux ou trois milles de distance de chacun de ces lieux.

Sur le sommet du mont et du bourg, il y a un vieux château à demi-ruiné qui

______

(*) Les sbirres sont en Italie ce que les cavaliers de maréchaussée étoient en France. (*Note du Trad.*)

servoit anciennement de forteresse à cet endroit. La population de ce pays n'excède pas six cents ames, et celle de la campagne peut être de trois cents. Il relève d'*Arcidosso* pour le civil et le criminel, et fait conséquemment partie de la province inférieure de Sienne.

Nous descendîmes le mont de *Montelatrone* au couchant, et nous passâmes le torrent appelé la *Zancone*, pour examiner le territoire de *Monticello*, à la vérité également stérile pour la minéralogie et pour la botanique, car il est très-semblable aux lieux voisins que nous avions déjà observés.

Nous descendîmes chez M. *Joseph Galassi;* je ne sais lequel nous fit le plus de plaisir ou des honnêtetés et politesses dont il nous combla, ou des lumières et des vertus que nous remarquâmes dans ce digne Ecclésiastique.

Monticello est un petit bourg situé sur la cime aplatie d'un mont isolé, où les vents exercent librement de toutes parts leur empire. Il contient environ six cents habitans. Il est gouverné par un *Potesta* quant au civil, il relève d'*Arcidosso* pour le criminel, et est voisin de la chaîne des monts *Labbro* et de la *Loggia*, qui sépare la *Maremme* d'avec la montagne. On peut le considérer de ce côté comme le dernier bourg qu'on y rencontre. En effet, il y a bien des châtaigneraies autour de *Monticello*, mais elles ne sont pas comparables pour l'étendue et la beauté à celles de *Castel del piano*, de *St.-Fiora* ou de *Piano*. Le rocher sur lequel est bâti ce bourg est composé de grès grenu, gris, entremêlé de couches d'une brèche que les Toscans appellent *vietra cicerchina*, sans aucun interstice, et tellement incorporée avec le grès, qu'elle forme avec lui une seule masse, et prouve la formation successive et continuée de l'une et de l'autre, au moyen de superpositions non interrompues. Cette brèche est dure, fait feu sous le briquet, et est composée d'une agré-

gation de petites pierres usées et émous-
sées par le mouvement des eaux. On y
découvre de très-petits cailloux de jaspe,
de quartz, et autres, mais tous liés ensemble par un ciment sablonneux, calcaire, effervescent.

Nous visitâmes ensuite les rives du torrent *Zancona* , et la partie occidentale
du mont sur lequel sont situés *Montelatrone* et *Montegiovi*. Nous y trouvâmes
de larges bancs de grès et de pierre
cicerchina, souvent continués, et quelquefois verticalement fendus ; ce qui fait qu'ils
affectent la figure polyèdre presque basal-
tique : ce qui n'est cependant que l'effet
de leur retraite en se desséchant.

La pierre calcaire abonde aussi dans le
territoire de *Monticello*. Nous en prîmes
divers échantillons, après quoi, ne trouvant plus rien qui pût intéresser un naturaliste, nous retournâmes sur nos pas, nous
passâmes au-dessous de *Montelatrone* , et
nous arrivâmes bientôt au pont de *St.-Pro-*

cesso sur le *Lente*, où nous retrouvâmes tout de suite les *peperini*. Nous arrivâmes sur le soir à *Castel del piano*, où, après avoir réparé nos forces par un léger souper, nous nous empressâmes d'aller oublier dans nos lits les rudes montées et descentes que nous venions de faire à travers des chemins difficiles et très-escarpés, exposés à l'ardeur du soleil pendant une longue journée.

Minéraux recueillis dans le voyage à Montegiovi, Montelatrone et Monticello.

Grès calcaire, couvert de spath calcaire lenticulaire. *Au-delà de la rivière Lente, au-dessous de Montegiovi.*

Grès qui forme la montagne sur laquelle est bâti *Montelatrone.* Le fond de son ciment est argileux.

Solfures de fer trouvés dans le grès de la roche sur laquelle *Montegiovi* est bâti.

Pierre *cicerchina.* Le long du torrent *Zancona.*.

Plantes des environs de Montegiovi, *de* Montelatrone *et de* Monticello.

En montant du torrent *Lente* à *Montegiovi.*

Erigeron viscosum.
Gnaphalium stœchas.
Pteris aquilina.
Teucrium chamædrys.
Santolina chamæcyparissus.

Erica arborea.
Carduus Boujarti.
Spartium junceum.
Buplevrum tenuissimum.

Autour de *Montegiovi.*

Momordica elaterium.
Hyosciamus albus.
Bryum pulvinatum.
Lichen parietinus.
——— *calendarius.*
Lepidium iberis.
Buphtalmum spinosum.
Heliotropium europæum.

Sedum rupestre.
Anchusa officinalis.
Polygonum convolvulus.
Sedum dasyphyllum.
Convolvulus Cantabrica.
Dianthus prolifer.
Crepis virens. (1)
Osyris alba. (2)

Dans les ruines de *Montelatrone.*

Leonurus cardiaca.

Nepeta cataria.

Entre *Montelatrone* et *St-Processo*, au commencement du mont du *Prodotto.*

Eryngium amethystinum.

———————————————

(1) Crepis virens, *foliis runcinatis, glabris amplexi-caulibus, calycibus subtomentosis.* (Linn. édit. Gmel.)

——— *Foliis runcinatis, glabris, subamplexicaulibus; calycibus farinosis.* (Nobis) (Voy. fig. II.) Cette plante varie en hauteur de cinq pouces à un pied;

elle a la tige tantôt simple, tantôt rameuse. Les feuilles sont d'un vert pâle. Les radicales sont run-cinées ; et celles de la tige qui sont situées à l'insertion des rameaux, sont étroites, pointues, sagittées, et subamplexicaules. Les rameaux sont nus ; il y a seulement dans quelques-uns des rudimens de feuilles que l'on pourroit appeler écailles.

Les *fleurs* sont jaunes, longues de trois lignes, disposées en forme de panicule qui n'est pas bien déterminé ; elles sont inclinées avant la fleuraison.

Les *calices* sont farineux, et ressemblent à ceux de la *lapsana*. Les *écailles extérieures* sont courtes, linéaires et caduques. Les *écailles intérieures* ou *propres* sont ca-rénées, et se ferment étroitement après la fleuraison, de manière qu'elles forment un calice conique qui ne quitte cette forme qu'après que les semences sont mûres. A cette époque elles s'ouvrent, s'abaissent tout autour, et laissent au vent la facilité de transporter les semences çà et là.

Le *réceptacle* est nu ; l'*aigrette* est sessile, et simple vue à l'œil seulement, mais à l'aide de la lentille on voit qu'elle est revêtue de poils très-courts.

Cette plante manque du caractére essentiel de l'aigrette stipitée et plumeuse, pour être conservée parmi les *crepis* de Linné.

(2) Le nombre des étamines varie dans les fleurs de cette plante ; il y en a à trois, à quatre ; d'autres en ont cinq. Le moindre nombre est de trois, mais il paroît que le nombre naturel est de cinq, car il arrive souvent que dans les fleurs à trois étamines, deux des filamens se divisent, et complètent le nom-bre de cinq.

CHAPITRE VII.

Voyage sur les montagnes au-dessus de Castel del piano.

Nous nous levâmes le 15 à la pointe du jour, et nous montâmes à cheval accompagnés d'un guide qui connoissoit bien le pays ; nous nous avançames à travers les châtaigneraies vers les hauteurs de la montagne. Arrivés au lieu nommé la *Fonte della Verna*, en descendant par un sentier du côté d'un séchoir (*) appartenant au chevalier *Giovannini* d'*Arcidosso*, nous trouvâmes des morceaux de petites pierres qui étinceloient sous l'acier. Elles étoient blanches, demi-diaphanes, et très-luisantes : elles nous frappèrent par leur aspect singulier. Nous nous mîmes à chercher

____

(*) Four à sécher les marrons.

d'où ces pierres pouvoient provenir, à l'aide de la bêche et du marteau dont nous étions toujours pourvus. Nous creusâmes un peu le bord de ce sentier, et sous un lit de terre jaunâtre, nous commençâmes à trouver un nombre considérable de ces pierres. Elles étoient environ à un pied sous terre, les unes isolées et détachées, les autres réunies et liées ensemble par leur base, ou adhérentes par leurs côtés ; ou bien doublemont adhérentes, de manière que les pointes d'un groupe étoient renversées et étoient attachées aux pointes d'un autre groupe semblable, de sorte qu'elles représentoient presque deux mâchoires opposées et armées de dents.

Ces pierres sont blanches, perlées, luisantes, à demi-diaphanes, légères, tantôt globuleuses, tantôt cylindriques : mais elles vont un peu en diminuant vers la pointe qui est un peu arrondie. Aucune d'elles n'arrive à la grosseur du petit doigt, et il y en a peu qui soient plus longues.

Si on observe scrupuleusement leur superficie luisante et cristalline, elle paroît toute rude et tuberculeuse, avec une apparence de gerçures linéaires : tout cela est beaucoup plus frappant si on le considère à la loupe. Leurs fragmens vus à la loupe présentent la fracture d'un verre. De plus, elles ont la légéreté, la dureté et la fragilité du cristal artificiel. La plus grande partie couvre une substance spongieuse.

Nous en trouvâmes quelques-unes qui étoient vides en dedans : leur cavité toute tuberculée étoit absolument analogue aux premières, et laissoient voir les élémens de l'intérieur des autres, mais qui n'avoient pu parvenir à remplir le vide à raison de leur petitesse.

La beauté et la nouveauté de ces pierres m'ont déterminé à en examiner les propriétés et la composition. Voici le résultat de mes observations :

Leur poids spécifique est à l'eau distillée comme 1917 à 1000. Elles sont

très-étincellantes. Tenues au feu jusques
à blanchir, et refroidies, elles conservent
leur poids et leur volume, et on ne voit
pas qu'elles en éprouvent aucune diminu-
tion. Quand elles sont entières, les acides
n'ont aucune prise sur elles ; mais réduites
en fritte avec la soude, puis pulvérisées
et mises en digestion dans l'acide muriatique, elles y perdent $\frac{60}{1000}$ de leur poids.
En examinant la dissolution, on voit que
l'acide en a séparé $\frac{40}{1000}$ de chaux, et
$\frac{20}{1000}$ d'argile.

Le résidu resté indissoluble, jeté dans
la soude fondue au creuset, s'y dissout
avec une vive effervescence. Tenu au
feu de fusion avec une dose convenable de
soude, il devient un verre limpide et
transparent. Il a également fourni un verre
très-limpide et cristallin avec l'acide phos-
phorique. Ce n'est donc absolument que
du silex. Enfin, telle est la proportion
des principes de ces pierres.

<pre>
Silex . . . . 940.
Chaux . . . . 040.
Argile . . . . 020.
</pre>

Comme elles ressemblent beaucoup à des perles, tant par leur luisant que par leur couleur argentine, et par la forme globuleuse qu'elles ont le plus communément, je les ai appelées *perles siliceuses* du *Montamiata*. (*)

Je n'en ai jamais vu ailleurs de semblables, mais je crois que M. Faujas de Saint-Fond a trouvé des substances qui ont quelque analogie avec celles-ci. On trouve quelquefois de petits globules attachés aux laves du mont Hécla en Islande ; ils ont un peu de ressemblance avec mes perles siliceuses qui en diffèrent pourtant beaucoup par leur figure, leur étendue et leurs groupes. (**)

Après avoir pris le plus que nous pûmes de ces pierres, nous reprîmes le chemin que nous avions laissé, et nous

----

(*) L'Auteur a changé depuis cette dénomination. Il a appelé cette espèce de pierre *amiatite*, afin que ce nom plus court, plus minéralogique, rappelle la montagne où il l'a trouvée. (*Note du Trad.*)

(**) Voyez la Minéralogie des volcans de l'Auteur, pag. 329 et suiv.

nous avançâmes vers le lieu nommé le *Piaggione*, et vers la *Montagnola* qui, après le grand sommet du *Montamiata*, est la partie la plus élevée de tout cet assemblage de montagnes. Nous trouvâmes au haut un espace applani dépourvu d'arbres, entouré de châtaigniers, et semé de seigle déjà mûr et prêt à être moissonné. Ce lieu est appelé *il Piano del Tallone*. Là, ainsi que sur la plus grande partie des hauteurs de cette montagne, dans les lieux situés au-dessus des châtaigniers, et dans la région où croissent les hêtres, on a défriché de petits cantons, où on sème le seigle en septembre, et on le récolte au mois d'août, de manière que ce grain est presque un an entier sur terre. Il résiste aux neiges et au froid qui en retardent la végétation sans le faire périr. Il se développe avec vigueur au printemps; il achève de mûrir en été, et fournit une nouvelle ressource à l'industrie des montagards.

On voit dans ces climats se vérifier parfaitement la règle générale qui est, que les habitans des lieux rudes, maigres et montueux, sont beaucoup plus industrieux et plus actifs à tirer parti de leurs terres, que ceux qui vivent dans les pays de plaine dont la culture est facile, et dont le terrain est gras et fertile. Les Tirolois par exemple, les Savoyards et les habitans des Alpes ne laissent pas un coin de de terre inculte, pas une pente, pas un sommet de montagne, pas un rocher tant soit peu couvert de terre, (qu'on y porte même au besoin) pour en retirer ensuite un produit maigre et une bien mince subsistance, qui sont les seuls résultats de travaux rudes, difficiles, et toujours renaissans.

Telle est aussi l'industrie des Auvergnats en France. Après s'être livrés aux fatigues les plus pénibles pour tirer parti de leurs terres escarpées, on les voit descendre en troupe de leurs montagnes, et aller en France et en Espagne seconder de leurs bras vigoureux les cultivateurs mous et lents des plaines, puis retourner dans

leurs

foyers porter à leurs familles le prix de leurs sueurs. Nous voyons d'un autre côté la plupart des laboureurs des plaines fertiles tracer nonchalamment de légers sillons dans leurs champs ; et , peu jaloux d'augmenter les ressources de l'industrie et de la culture , borner leurs soins aux endroits de leur territoire qui sont les plus faciles et les plus commodes , pour attendre dans un repos parfait la maturité de leurs fruits. Que leurs bleds soient endommagés par de mauvaises herbes ou non ; que leurs vins soient acerbes, foibles ou passables, peu leur importe ; ils recueillent le tout tel qu'il est , et s'inquiètent fort peu de multiplier ou d'améliorer leurs productions. On peut dire que les habitans des plaines sont les enfans gâtés de la nature ; cette mère commune fait croître , pour ainsi dire, spontanément les moissons pour eux , et leur accorde plus qu'ils ne méritent , et beaucoup plus que ce que les malheureux montagnards peuvent espérer de leurs pénibles et industrieux travaux.

H

Les habitans de *Montamiata*, après avoir surmonté les difficultés de la culture du bled et de la vigne, au milieu des rochers et dans des lieux extrêmement difficiles, vont encore chercher fort loin dans les endroits les moins accessibles de la montagne, quelques portions de terre où ils puissent semer du seigle, et renouvellent toujours l'exemple de l'activité infatigable et de l'industrie ordinaire qui les caractérise.

En tournant un peu sur ces hauteurs au couchant de la grande montagne, nous trouvâmes *la Valle grande* (la grande Vallée). C'est une plaine un peu creuse au milieu, située entre la petite montagne et les monts appelés les *Pinzi dell'Uccello*. Elle est de figure ovale, longue d'environ un tiers de mille, et peut avoir à peu près un quart de mille en largeur. On y voit vers le milieu une petite élévation formée par des *peperini* et de la terre. En y laissant tomber une pierre, on entend un retentissement souterrain comme si l'on étoit au-dessus d'une voûte. Ce retentis-sement est à peu près le même que celui qui se fait sentir sur le terrain uni de la solfatare de Naples.

Nous trouvâmes près de la grande Vallée, un peu plus au couchant de la montagne, un espace un peu moins grand, tout environné de roches de *peperino* très-élevées, mais interrompues par de grands affaissemens et par des fentes ruineuses. Cet endroit s'appelle *la piccola Valle* (la petite Vallée). L'une et l'autre de ces vallées présentent à l'œil un peu exercé, l'aspect d'un cratère volcanique, d'où a été lancé la plus grande partie des matières voisines qui portent encore l'empreinte des efforts terribles d'un feu souterrain.

Ce feu étant éteint ou éloigné, l'ouverture d'où partoient les éruptions du volcan a dû naturellement se fermer; le cratère a dû se combler en grande partie au moyen des ruines et de la destruction des roches de *peperino* qui l'entourent, et à l'aide des terres qui, étant entraînées par les eaux, ont trouvé à ce point un obstacle qui les y a fixées : de manière que l'on n'y voit d'autres vestiges de l'ancien gouffre que cette coupe semi-circulaire et concave, entourée comme d'autres cratères anciens, d'une crête plus qu'à demi-ruinée de *peperini*, et formant comme une voûte au-dessus de l'abyme qui, enfoncé dans les entrailles de la terre, doit naturellement être la cause du retentissement que l'on entend à sa surface.

Nous verrons que le grand volcan qui donna naissance à cet assemblage de montagnes, a eu d'autres bouches que les deux dont nous venons de parler. Semblable au mont Etna, il dut sans doute s'ouvrir diverses bouches tantôt d'un côté, tantôt d'un autre, et combler ainsi tous les lieux circonvoisins des matières qu'il vomissoit. Nous trouvâmes la grande Vallée riche en diverses plantes, ce qui ajouta beaucoup d'intérêt à notre excursion de ce jour.

Dans les châtaigneraies de la communauté d'*Arcidosso*, un peu au-dessous de la grande Vallée, je trouvai, deux ans après, dans un voyage assez rapide que j'y fis, quelques veines des perles silicées dont nous avons parlé; mais elles étoient plus opaques et d'un blanc de lait mat.

Quelques-unes étoient suspendues à la partie inférieure des rochers de *peperino*. Ces derniers étoient alors en décomposition, si tendres et si fragiles, qu'au moindre attouchement ils tomboient en ruine, et que les stalactites et la croûte silicée se détachoient d'elles-mêmes.

Cette nouvelle observation, à l'aide de laquelle il m'a semblé avoir pris la nature sur le fait, m'a fortifié dans l'opinion où j'étois, que les perles silicées sont formées par le moyen de l'humidité, et vraisemblablement par la décomposition de la partie quartzeuse ou feld-spatheuse du *peperino*. En effet, dans les masses de ce *peperino* où étoient les stalactites et la croûte silicée, et sur-tout dans la partie inférieure, le feld-spath cristallisé étoit absolument disparu ; il n'y avoit plus que le mica avec le ciment, et encore ce dernier étoit-il ramolli, désuni, et à demi-décomposé.

Le site, le premier aspect, l'opinion de quelques Naturalistes, l'autorité de M. Faujas de Saint-Fond qui caractérisa de verre volcanique quelques pierres, qui, selon sa description, (*Minéralogie des volcans, pag. 329*) ont de l'analogie avec les perles dont il s'agit ; tout cela m'avoit porté à croire qu'elles étoient le produit d'une fusion ignée. Cependant je doutois ; mes doutes ont augmenté à mesure que j'ai examiné davantage ; et enfin, après avoir observé en dernier lieu leur adhérence et l'état du *peperino* où elles étoient suspendues, mes doutes se sont changés en certitude, et je crois très-fermement aujourd'hui que ces perles silicées ont été formées par infiltration, et par une chûte d'eau qui a coulé goutte à goutte, de la même manière que se forment les autres stalactites et les stalagmites, et que les molécules silicées qui les constituent ont été d'abord dissoutes par une eau très-chaude, qui ensuite les a déposées au moment de son refroidissement.

Nous remontâmes ensuite la montagne du côté de l'est, et nous allâmes au lieu appelé *le Macinajole* à trois ou quatre milles au-dessus de *Castel del piano*. On y voit des roches de *peperino* très-hautes et d'une espèce particulière ; il est très-dur et celluleux. On l'appelle vulgairement *Macigno* dans le pays. Il est d'un gris foncé ou rougeâtre. Dans les petites cellules ou cavités dont il est rempli, on remarque souvent une vitrification dure, tantôt transparente et limpide comme de petits morceaux de glace, tantôt brune ou jaunâtre, ou bien blanche à demi-opaque, et le plus souvent globuleuse. Ces globules vitreux se trouvent plus rarement à la superficie de la roche. Il paroît que les blancs demi-opaques ont été transparens

H 4

et limpides dans leur origine, mais qu'une seconde action du feu les a recuits, et réduits ainsi sous la forme d'une espèce d'émail. Outre ces globules, cette roche porte d'autres indices de l'action du feu; car on découvre clairement dans sa composition le feld-spath vitreux et le mica noir; sa base même est un feld-spath en masse et informe.

C'est de ces roches que l'on tire les meules pour moudre le bled et les châtaignes, ce qui a fait appeler ce lieu *Macinajole*. Cette roche ou *Macigno* est étincellant, et, tenu à un grand feu de fusion pendant quarante-huit heures de suite, il se fond en une espèce d'émail brun-noirâtre.

Les principes de cette espèce de *peperino*, le plus dur de tous ceux de la montagne, sont les mêmes que ceux dont j'ai déjà donné l'analyse, c'est à dire :

$$
\begin{array}{lr}
\text{Silex.} & 086. \\
\text{Fer.} & 006. \\
\text{Argile} & 005. \\
\text{Magnésie} & 003.
\end{array}
$$

A peu de distance de là, sont deux belles prairies bien unies, environnées de hêtres tout autour. L'une s'appelle la prairie *delle Macinaje*, et l'autre, la prairie *delle Macinajole*. On trouve sur cette montagne plusieurs autres belles prairies également unies, et également couronnées de hêtres.

En descendant du côté de la côte appelée *gli Stabbiati*, nous trouvâmes de gros quartiers d'une pierre brune toute parsemée à l'extérieur de petites aiguilles brunes qui se croisoient en tous sens ; mais en rompant la pierre, on voyoit ces aiguilles correspondre à autant de paillettes de mica luisant, larges et longues souvent de plus d'un pouce. Ces paillettes détachées de la masse, sont brunes ou de couleur de cuivre. Elles sont retenues dans un ciment granuleux de feld-spath brun avec des parcelles quartzeuses blanches, peu sensibles à l'œil nu, mais très-visibles quand on les examine avec une bonne loupe. Cette pierre est vraiment singulière ; je ne me souviens pas de l'avoir jamais vue ailleurs. Enfin , après avoir bien examiné son aspect, sa structure et sa composition, je l'ai nommée *lava limacciosa micacea* (lave limoneuse micacée). Nous avons trouvé depuis un gros quartier de cette pierre à la ferme des *Ajole* entre *Arcidosso* et *St.-Fiora*, et au lieu dit l'*Ermeta* , qui est au-dessus de l'*abbaye de St.-Salvadore*.

Cette pierre est extrêmement dure, opaque et très-pesante. Son poids spécifique est à celui de l'eau distillée comme 2378 à 1000. Soumise à l'action du feu avec de la soude, elle a produit un verre ou émail d'un brun verdâtre. Pulvérisée et mise en digestion dans l'eau régale ou acide nitro-muriatique, elle y a perdu $\frac{5}{8}$ de son poids, et la solution présenta une dose de fer assez remarquable.

D'après l'analyse exacte que j'en ai faite, elle est composée des substances suivantes :

Silex . . . . 066.
Argile. . . . . 014.
Fer . . . . 012.
Magnésie . . . . 008.

Enfin, la lassitude, la faim, l'orage qui vint à gronder d'une manière imposante vers le sud de la montagne, nous engagèrent à regagner promptement notre gîte, et nous arrivâmes avant le soir à *Castel del piano.*

Minéraux recueillis sur les monts au-dessus de Castel del piano.

Morceaux de *peperino* opaque, gris, avec peu de cristaux de feld-spath, et très-peu de mica, très-dur, compacte et couvert en quelques endroits d'une croûte couleur de cuivre, composée de globules infiniment petits et presque imperceptibles, imitant en petit les hématites mamelonnées. *Aux rochers delle Macinajole, au-dessus de Castel del piano.*

Peperino tout celluleux, ressemblant à une lave celluleuse, et du reste semblable au précédent. *Ibid.*

Peperino gris, compacte, très-dur, parsemé de gros et de petits cristaux de feld-spath très-striés : on remarque dans ses cellules une vitrification transparente, tantôt blanche, tantôt brune, quelquefois jaunâtre, et le plus souvent globuleuse : cette vitrification s'étend quelquefois jusqu'à la surface extérieure. *Ibid.*

Ame de roche granuleuse, de couleur de plomb, revêtue d'un côté d'une pétrification globuleuse, semblable à celle des pierres précédentes. *Ibid.*

Colatures tirées d'une cavité de roche de *peperino*, où il y avoit eu une grosse pièce d'ame de roche. Ces colatures sont opaques et presque toutes couvertes à leur surface de globules blancs, vitreux. *Ibid.*

Ames de roche de *peperino*, ayant l'aspect d'un jaspe jaunâtre avec des veines rougeâtres et noires. *Ibid.*

Pierres ferrugineuses, très-poreuses et spongieuses, ressemblant à du mâche-fer. *Au Piaggione, au-dessus de Castel del piano.*

Lave micacée limoneuse. *Aux Stabbiati, au-dessus de Castel del piano.*

Peperino sur la surface duquel on voit une colature jaunâtre. *Au-dessus de Castel del piano.*

Divers *peperini* avec de petits prismes de schorl noir. *Ibid.*

Peperino noir, couvert de terre rougeâtre toute parsemée de paillettes de mica, couleur de cuivre. *Ibid.*

Peperino fatiscent et décomposé. *Aux Stabbiati, au-dessus de Castel del piano.*

Amiatite ou stalactite silicée de couleur perlée, trouvée sous un lit de terre jaunâtre et grenue. *A la fontaine de la Verna, au-dessus de Castel del piano.*

Les mêmes perles, mais plus opaques, et le plus souvent de couleur d'émail très-blanc. *Dans les châtaigneraies de la commune d'Arcidosso.*

Fragmens de pierre arrondie, poreuse, intérieurement vide. *Trouvés ensemble avec les précédentes.*

Feld-spaths limpides et cristallins. *Au haut des Pinzi dell' Uccello.*

Feld-spaths rhomboïdaux, la plupart ab-solument opaques. *Sur les penchans des Pinzi dell'Uccello.*

Plantes observées et recueillies sur les monts qui dominent Castel del piano.

En sortant de *Castel del piano* dans une chenevière.

Orobanche ramosa.

Dans la grande Vallée.

Bryum cæspititium (1)
Jungermannia asplenoïdes.
Dianthus Carthusianorum.
Vicia cracca.
Jasione montana.
Phyteuma spicata.
Thymus serpyllum.
Verbascum thapsus.
— *phlomoïdes.* Barbarastio.
Spartium scoparium.
Erica arborea.
Viola tricolor. &
Lichen pertusus.
Gnaphalium sylvaticum.
Lichen pustulatus.

Euphrasia officinalis.
Pteris aquilina.
Prunella vulgaris.
Hypericum perforatum.
Ballota nigra.
Origanum vulgare.
Spergula saginoïdes.
Bryum apocarpum. &
Silene armeria.
Gentiana centaurium.
Hypnum crista castrensis.
Carlina vulgaris.
Tanacetum vulgare.
Filago arvensis.
Mnium scoparium.

Entre les masses de *peperino* qui sont sur le monticule au milieu de la petite Vallée.

Polypodium vulgare.
——— *aculeatum.*

Cratægus aria.
Verbascum phlomoïdes.

Dans les penchans des *Voltolaje*, sur de grandes masses de *peperino*.

Hypnum gracile.
——— *myosuroïdes.*
Bryum apocarpum. α

Phyteuma spicata.
Senecio Sarracenicus.
Saxifraga tridactylites.

Dans la prairie de *Macinajole.*

Poa decumbens.
Nardus stricta.
Poa trivialis.
Festuca rubra.
Veronica officinalis.

Rumex acetosella.
Cistus helianthemum.
Tormentilla erecta.
Polygala vulgaris.
Euphrasia officinalis.

Aux carrières de *Macinajole*, sur des masses de roche.

Prænanthes muralis.
Senecio, semblable au *vulgaris*, à fleur jaune, rayon étendu.
Phyteuma spicata.

Stellaria nemorum.
Saxifraga rotundifolia.
Leontodon hispidum.
Carex montana.

Au-dessous de la prairie des *Macinajole*, dans un bois de hêtres.

Dentaria bulbifera.
——— *pentaphyllos.*

Paris quadrifolia.
Anemone apennina.

A la côte de *Stabbiati.*

Spartium scoparium.
Juniperus communis.
Thymus serpyllum.
Carduus Boujarti.

Pteris aquilina.
Asphodelus ramosus. Porrazzo.
Digitalis lutea.

Asclepias Vincetoxicum.　　*Spergula saginoïdes.*
Viola grandiflora.　　*Valantia glabra.*

Au séchoir de *Giovannini*, à la fontaine de la *Verna*.

Lilium bulbiferum.　　*Monotropa hypopithys.* (2)

A la fontaine *Miglianelli* près ds *Castel del piano*.

Scleranthus annuus.　　*Poa annua.*
Trifolium repens.　　*Carlina acanthifolia.* Allion.
———— *glomeratum.*　　flor. Pedem. (3)
———— *striatum.*　　*Avena elatior.*
Epilobium hirsutum.　　*Lemna minor.*
Polygonum hydropiper.

---

(1) *Bryum cæspititium*, Linn. Spec. plant. *Mnium cæspititium*, Linn. Ed. Gmel. Les péduncules naissent du milieu du rejeton de l'année précédente, et les feuilles sèches en embrassant et enveloppant le bouton, lui donnent la figure d'un *perichetium*. Cette circonstance trompa *Weis* qui, en conséquence, plaça cette mousse parmi les *hypnes*; mais les rosettes indiquent qu'il faut la replacer dans le genre des *mnium*, où *Leers* l'avoit déjà rangée.

(2) Plante parasite plantée sur les racines des châtaigniers. Toute la plante est d'un jaune pâle, comme étiolée. Elle a le port de l'*orobanche* ou de l'*ophrys nidus avis*. La tige est sans feuilles; elle n'a que des écailles *ovato-deltoïdes* succiliées. Les fleurs sont sans
calice ,

calice, et ont huit ou dix pétales, et huit ou dix étamines. Les pétales extérieurs qui sont au nombre de
quatre ou cinq, sont de la longueur du pistil, élargis
au sommet, ciliés, et ont au lieu de l'insertion une
cavité gibbeuse nectarifère. Les pétales intérieurs
sont de la moitié plus courts que les autres, et sont
aussi longs que la capsule qui est ovale. Le style et le
stigmate sont velus ; ce dernier est rond, creusé et
orbiculé.

(3) *Carlina caulescens magno flore*. Gasp. Bauh. pin.
pag. 380.

Chamæleon albus. Lob. Icon. II, pag. 4.

Carlina elatior, chamæleon albus vulgaris. Clus. CLV.

Carlina caulifera. Joan. Bauh. Hist. III, pag. 64.

Un altro chameleone nero. *Mathiole, pag. 696.*

Linné n'a pas distingué cette carline de l'*acaulis*
(sans tige). *Scopoli* en fait une variété, *flore caule bre-
viore*. Lamarck dans sa Flore Françoise en fait une
espèce distincte, et l'appelle *carlina caulescens*. *Allioni*
est celui qui en a donné la meilleure description,
unie à la figure dans la *Flora Pedemontana*, tom. I,
pag. 155. pl. 51. Elle croit en beaucoup d'endroits sur
la montagne où on la recueille pour la manger.

I

CHAPITRE VIII.

Départ de Castel del piano, *d'*Arcidosso
et de ses environs.

Nous employâmes la matinée du Dimanche 16, partie à nous reposer, partie à mettre en ordre et à emballer les objets que nous avions recueillis dans le pays, pour les envoyer ensuite à *Pienza*, lieu destiné à être le magasin général de notre voyage.

Nous montâmes à cheval après dîné, et nous prîmes la route d'*Arcidosso*, qui en est à un mille et demi. Nous y descendîmes chez M. le Chev. *Orazio Giovannini.* Nous y fûmes accueillis avec la plus grande politesse, et avec l'affection la plus cordiale. Au surplus, nous eûmes cela de commun avec tous les étrangers qui se présentent chez lui.

Arcidosso est un bourg situé sur une hauteur isolée, et dont l'accès est difficile, sùr-tout du côté de *Castel del piano.* Sa construction antique mal disposée, et demi-ruinée, n'offre rien de remarquable, si ce n'est le vieux château qui subsiste encore, et qui est situé dans la partie la plus élevée de l'endroit. Il sert de palais prétorial, de prison, &c. Il y a un Vicaire royal qui est compris dans le département de la province Siennoise inférieure.

Le pays est en bon air; le nombre de ses habitans va à plus de deux mille, en y comprenant les hameaux des environs qui ne forment pas précisément des villages, mais qui sont fréquens dans ces châtaigneraies.

La colline sur laquelle *Arcidosso* est bâti, est absolument différente du territoire de *Castel del piano.* La rivière *Lente* que l'on passe pour y arriver, est encore dans cet endroit la limite des *peperini.* Au-delà du *Lente* on n'en voit plus aucune trace; ils sont remplacés par le grès fort grenu qui forme seul le noyau du mont d'*Arcidosso* qui est absolument de même nature que ceux de *Montelatrone* et de *Montegiovi*.

Au midi de ce bourg, s'élève une colline escarpée et très-élevée, appelée la *Piaggia dei Vallenci*, au pied de laquelle coule le *Lente* à l'est, et le torrent *Arcidosso* à l'ouest. Cette colline n'est également composée que du même grès, qui forme à l'ouest une roche extrêmement escarpée, presque taillée à pic, et qui s'écroule de jour en jour.

Pour peu que l'on fasse attention à la structure et à la position de ces collines, on se persuadera aisément que la *Piaggia dei Vallenci*, et les monts d'*Arcidosso*, de *Montelatrone* et de *Montegiovi* ne formoient autrefois qu'une seule et même chaîne, et que les eaux, sur-tout celles du torrent *Arcidosso*, qui vient du sud au nord se jeter dans le *Lente*, précisément sous le bourg auquel il donne son nom, ont dû par le laps des temps, en interrompre et ensuite couper absolument la communication, de manière à séparer, comme nous le voyons aujourd'hui, la *Piaggia dei Vallenci*, du mont d'*Arcidosso*, et détacher ces deux dernières du reste de l'élévation où sont situés *Montelatrone* et *Montegiovi*.

Le 17 au matin, accompagnés d'un guide nous nous mîmes à parcourir le territoire d'*Arcidosso*, sur-tout du côté qui dépendoit et se rapprochoit le plus de la grande montagne, qui faisoit l'objet principal de nos recherches. Nous descendîmes donc à la *Madonna delle Grazie*, nous parcourûmes la châtaigneraie qui en est tout près; nous visitâmes et examinâmes la *Piaggia dei Vallenci* dont nous avons parlé, nous y recueillîmes diverses plantes; puis, après avoir pris des notes sur ce qui a rapport à la minéralogie, nous passâmes le *Lente*; nous nous trouvâmes alors dans le pays des *peperini*, dont nous trouvâmes des quartiers énormes détachés dans le lit même du torrent.

Nous remontâmes ensuite le cours de la fontaine *della Vena*, dont le ruisseau va se jeter dans le *Lente*, et ce ruisseau

dont l'eau est excellente à boire, est form
par plusieurs sources, toutes situées dans
une espace d'environ cinquante pas au
pied de la *piaggia di Capenti* auprès de la
ferme *della Fonte*. Entre les cascades de
ce ruisseau, auprès des *Case nuove*, ferme
située au milieu de châtaigneraies, nous
trouvâmes beaucoup de plantes qui aiment
les lieux frais et humides.

Nous y recueillîmes une grande quantité
de cristaux de feld-spath rongés, et détachés sans doute des *peperini* sur lesquels
passe ce ruisseau qui est assez considérable,
et qui transportant à l'ordinaire les particules de terre les plus légères, va ensuite
déposer çà et là celles de ces particules
qui se trouvent les plus grosses et les plus
pesantes.

Les paysans de ces fermes ont presque
tous auprès de leur maison un petit jardin
avec quelques arbres fruitiers. Une de ces
pauvres femmes avoit dans son panier
quelques prunes qu'on appelle *ballocce* dans
le pays. Après qu'elle nous eut permis d'en

prendre quelques-unes, non contente de cela, elle voulut nous obliger à aller nous-mêmes en choisir de meilleures et en plus grand nombre sous un prunier qui en étoit chargé. Charmés de la saveur douce-acide et de la fraîcheur de ces fruits, nous en prîmes à discrétion, dans l'intention de récompenser sa générosité ; mais nous nous trompâmes : cette pauvre femme, enchantée du plaisir avec lequel elle nous voyoit manger ces prunes, ne voulut jamais rien accepter, et nous fûmes même obligés de cesser nos instances, parce que elle avoit l'air d'en être offensée ; de manière que nous nous retirâmes en admirant de nouveau le bon cœur et le désintéressement des pauvres montagnards qui vivent à la campagne. Une seule rencontre semblable seroit capable, je crois, de réconcilier avec le genre humain ces philosophes atrabilaires qui ne voient jamais les hommes que du mauvais côté.

A un demi-mille au-dessus du cours du *Lente*, un peu au-dessous du *Podere della*

Sega, il y a une superbe cascade appelée l'*Acqua d'Alto*. Elle se précipite perpendiculairement du haut d'une roche de *peperino* qui a au moins soixante pieds d'élévation, et parcourt ensuite les côtes qu'on appelle *la Voltolaja*.

L'aménité de ce lieu dans le cœur de l'été, et le frais que nous y goûtions pendant la chaleur assommante du midi, nous engagea à nous y reposer quelque temps. Tandis que nous jouissions avec délices de cette heureuse situation, nous regrettions de ne pas habiter dans le voisinage pour venir souvent passer les heures de la plus forte chaleur dans ce paisible séjour, à l'ombre délicieuse des châtaigniers, où l'on n'entend d'autre bruit que le chant des oiseaux, le bouillonnement de la cascade, et le murmure du ruisseau.

L'appétit et l'heure du dîné nous firent abandonner ces belles réflexions, et nous nous acheminions vers *Arcidosso*, lorsque nous fûmes surpris tout-à-coup par une pluie épouvantable, qui nous obligea de courir chercher un asile dans une ferme abandonnée. Là, nous tâchions de nous résigner à la dure alternative, ou de souffrir de la faim, ou de nous inonder copieusement pour aller chercher notre dîné, lorsque la pluie cessa aussi subitement qu'elle avoit commencé, et nous permit enfin d'arriver à *Arcidosso*.

La pluie reprit après dîné, de manière que nous passâmes le reste de la journée à arranger nos plantes et nos minéraux pour les envoyer à notre magasin général de *Pienza*.

Cependant nous avions examiné avec beaucoup de soin, soit ce matin, soit les jours précédens lorsque nous étions à *Castel del piano*, le territoire d'*Arcidosso*, et sur-tout celui qui regarde la montagne, qui présente quelque variété dans les objets, pendant que le reste d'une uniformité continuelle, ne nous offroit rien qui fût digne de notre curiosité, et n'appartenoit pas au projet de ce voyage.

Minéraux du territoire d'Arcidosso.

Grès qui fait le noyau du mont sur lequel est situé *Arcidosso.*

Cristaux isolés de feld-spath recueillis le long du ruisseau de la *fonte alla Vena*, tout près d'*Arcidosso.*

Plantes recueillies aux environs d'*Arcidosso.*

Sisymbrium sophia.	*Artemisia vulgaris.*
Ficus carica sylvestris.	*Lichen sanguinarius.*
Ammi majus.	

Dans la châtaigneraie de la *Madonna delle Grazie.*

Lycopus Europæus.	*Stachys sylvatica.*
Jasione montana.	*Hypnum viticulosum.*

A la *Vigna nuova.*

Althea hirsuta.	*Hypericum hirsutum.*
Digitalis ferruginea.	*Dianthus armeria.*

A la *fonte della Vena*

Hypnum triquetrum.	*Polypodium fœmina.*
——— *proliferum.*	*Agrimonia eupatoria.*
Polypodium vulgare.	*Polypodium fontanum.*
Sparganium erectum.	——— *regium.*
Typha angustifolia.	*Aquilegia vulgaris.*
Jasione montana.	*Orobus vernus.*
Linum catharticum.	*Veronica officinalis.*
Phyteuma spicata.	*Melica uniflora.*
Polypodium filix mas.	*Hieracium murorum.* e

A la cascade d'*Alto*.

Polypodium filix fœmina. *Hypnum alopecurum.*
Oxalis acetosella. ——— *filicinum.*
Saxifraga rotundifolia. *Marchantia conica.*

A la ferme de la *Sega*.

Lysimachia punctata.

Sur le *poggio della Madonna*.

(1) *Quercus pseudo-suber*. Cerro-sughero.

---

(1) Quercus pseudo-suber, *foliis lanceolatis, sinuatis, subtùs incanis, cortice rimoso fungoso.* (Nobis) Voyez pl. III.

Suber perpetuò virens, cortice tenuiore, cerri folio, glande majori cylindracea, obtusa ; cupula crinita. Micheli Catal. Horti Florent. Tilli Catal. Horti Pisani.

Dans l'énumération des plantes rares des environs de Florence, ouvrage manuscrit de *Micheli* qui se trouve dans la bibliothèque de M. le Docteur *Ottaviano Targioni Tozzetti*, on trouve la description ci-dessus, avec la note suivante :

Suberella in cæteris suberi similis, cortice tenui, folio latiore, modicè sinuato. Cæsalp. de plantis, lib. II, cap. I, pag. 32.

Micheli ajoute que cet arbre croît sur les montagnes des environs de Florence, et sur-tout sur le *Monte Senario*, dans un lieu appelé la *Sassaja*, et en donne ensuite la description plus étendue, comme il suit :

« Cet arbre ne paroît pas parvenir à une grosseur bien considérable ; (il peut se faire que celui qu'il a

» observé fût jeune) cependant je le crois plus petit
» que le *sughero* (liége) ; il ressemble beaucoup au
» *cerre :* c'est pour cela qu'on l'appelle *cerro-sughero.*
» Son écorce est spongieuse, comme celle du *sughero ,*
» mais elle est mince , et n'excède pas un demi-pouce.
» Les feuilles sont semblables à celles du *cerre* , tant
» par la figure que par la grandeur; ce qu'elles ont
» de plus, c'est qu'elles ont plus de consistance, et
» qu'elles sont blanches en-dessous. »

Quoique les feuilles du *cerro-sughero* soient moins profondément découpées que celles du *cerre* , il peut se faire que quelque circonstance particulière ait donné lieu à cette exacte ressemblance qui a frappé *Micheli :* et dans le fond, nous sommes persuadés que son *cerro-sughero* est le même que le nôtre.

Matthiole parle aussi d'un *cerro-sughero ,* et j'avoue que ce fut cet auteur qui nous fit naître l'envie de le chercher dans le territoire d'*Arcidosso* où il dit qu'il se trouve : mais nous y avons trouvé un *cerro-sughero* tout différent du sien.

Matthiole, dans la première partie de son commentaire sur *Dioscoride* , dit, pag. 227 :

« Cet arbre est appelé *cerro-sughero* en Toscane ,
» parce qu'il a les feuilles semblables au *sovero* , et
» que l'écorce et la consistance du bois ressemblent à
» celles du *cerro :* dénomination que lui donnoient les
» anciens ; car Théophraste l'appelle *Phellodrys ,* qui
» ne signifie autre chose que *cerro sovero.* »

Matthiole donne ensuite une figure qui ne s'accorde point avec cette description , mais qui convient beaucoup mieux à cette variété du *leccio* appelé *similax*

Dalech. par Jean Bauhin, ét *quercus ilex c*, par Linné. Mais ni la description, ni la figure ne conviennent à notre *cerro-sughero* d'*Arcidosso*. Le *Phellodrys* de Théophraste est une autre variété du *leccio* : peut-être est-ce la *phellodrys nigra* de Daléchamp, dont Jean Bauhin fait mention, c'est-à-dire l'*ilex folio aquifolii* de Tournefort.

Toutes ces considérations nous ont fait croire que la figure et la description que nous en donnons, pourroit être de quelque utilité pour déterminer d'une manière fixe cette espèce de chêne, et nous croyons qu'on pourroit lui donner le nom de *quercus-pseudo*, c'est-à-dire *cerro-sughero*.

Nous l'avons trouvé dans le *poggio della Madonna* à deux tiers de mille d'*Arcidosso*, dans un lieu appelé la *Chiesina del Fabrazzoni*; il est aussi grand que les plus grands *cerres*. Ses feuilles sont d'un vert foncé. Le tronc en est beau, droit, et peut avoir huit pieds de circonférence à la base. L'écorce du tronc est fongueuse ou spongieuse comme celle du *sughero*, mais elle est plus mince, plus crevassée, plus rude et plus fragile, de sorte qu'on ne l'emploie à aucun usage. Les porcs en mangent le gland volontiers, mais cet arbre donne ordinairement peu de fruit; et le paysan de la ferme voisine nous dit que dans huit années il ne l'avoit vu qu'une fois porter des glands en abondance. Comme ses feuilles sont toujours vertes, on les donne aux chèvres pendant l'hiver; ou on en orne les portes des églises aux jours de fête, et elles entrent dans la décoration des crèches que l'on fait dans le temps de Noël. On dit que son bois n'est pas trop bon pour faire du charbon, parce qu'il brûle difficilement. Quand on lève circulairement l'écorce de cet arbre, il périt bientôt. Il y a un autre *cerro-sughero* dans le hameau appelé le *Fornaci*, dans le territoire d'*Arcidosso*, mais il est beaucoup plus petit.

CHAPITRE IX.

Voyage d'Arcidosso *à* St.-Fiora.

Le 18 au matin, nous partîmes d'*Arcidosso*, et nous prîmes le chemin qui conduit à *St.-Fiora*. Nous trouvâmes à un mille de distance le fossé *delle Melacce*. C'est un torrent qui, coulant du sud au nord, reçoit les eaux de la *Fonte d'alto* tout près d'*Arcidosso*, et prend là le nom de *Lente*. Cette rivière est encore dans cet endroit la limite des *peperini*, comme nous avons vu qu'il l'étoit auprès d'*Arcidosso* et sous *Castel del piano*. En effet, avant de le passer, et sur sa rive même, nous remarquâmes le même grès disposé par bancs, et des pierres calcaires coltellines dans le lit du torrent, mêlées avec des pierres marneuses, fissiles et herborisées en dedans.

Ces pierres d'un gris-blanc, tendres et souvent friables entre les doigts, sont une vraie marne endurcie, dans laquelle dominent les molécules calcaires. Elles se fendent facilement, et présentent intérieurement diverses herborisations qui ne sont autre chose que de petites racines dont les ramifications sont extrêmement fines. Il y en a souvent de capillaires qui proviennent, selon toute apparence, de plantes graminées qui s'étoient introduites dans la marne, avant que celle-ci fût brisée, roulée et transportée par les eaux, et qui ensuite s'est durcie au grand air. J'ai eu lieu d'observer beaucoup de ces petites racines dans de la terre marneuse jusqu'à trois brasses au-dessous de la superficie; les unes étoient toutes entières et fraîches, d'autres étoient plus ou moins décomposées, j'ai même vu de ces ramifications qui étoient devenues tellement noires, qu'elles donnoient à la marne sur laquelle elles étoient appliquées l'air de véritables dendrites martiales. Au surplus, ces pierres *delle Melacce* exposées au feu , y perdent absolument la couleur de ces herborisations dont on n'apperçoit plus que quelques traits terreux. Ces herborisations ne proviennent donc pas de *Fucus* pétrifiés, ou des fucites, comme on les appelle quelquefois, ni des dendrites martiales , comme quelques-uns l'ont cru.

Dès que l'on a passé le *fosso delle Melacce* , on retrouve tout de suite les *peperini* en masses considérables, parmi lesquels on voit incrustées beaucoup d'a-*nime di sasso* , consistant en carbures de fer ou en cailloux plus durs que le *peperino* , ou bien enfin en pierres celluleuses. On voit clairement par la dureté et par les cellules de ces dernières, qu'elles ont été soumises à un feu beaucoup plus violent, et qu'elles sont par conséquent beaucoup moins susceptibles d'être détruites par les injures de l'air que le *peperino* lui-même.

Nous

Nous vîmes à la ferme des *Ajole* quelques masses de *peperino* tendre, friable, et en décomposition. Les habitans des environs se servent ordinairement de la terre provenant de cette décomposition; elle fait un sable excellent pour bâtir. Ils emploient même souvent le *peperino* qu'ils réduisent en poussière, au lieu de sable, pour faire le mortier : nous profitâmes du peu de consistance de ces *peperini*, pour en extraire plusieurs cristaux de feld-spath blanc, demi-diaphanes et striés, qui entrent dans leur composition.

Nous en tirâmes aussi diverses *anime di sasso*, et une entr'autres qui étoit composée de *peperino*, et d'une structure particulière.

Les autres *anime di sasso* se trouvent constamment enchâssées et liées à la substance des *peperini* ; mais celle-ci étoit au contraire enchâssée et comme emboîtée dans la cavité d'un *peperino*, dont elle ne remplissoit pas tout-à-fait la capacité; elle y étoit seulement adhérente par divers

K

points. Ces espèces d'attaches partoient des parois de la concavité, et venoient se fixer sur la surface convexe de l'*anima di sasso*. Elles étoient isolées et amincies au milieu, comme il arrive lorsque l'on tire de deux points opposés une matière pâteuse et tenace.

Ces attaches, ce détachement de l'*anima di sasso*, d'avec les parois du creux, et cette cavité qui conserve encore la forme de la pierre, indiquent évidemment que cette *anima di sasso* fut jadis enveloppée dans la masse de *peperino*, au moment qu'il étoit ramolli et dilaté par la force du feu; et que lorsque ce dernier vint à se refroidir, il se condensa, et se retira d'autour de l'*anima di sasso*, en laissant un intervalle entr'elle et lui: de sorte qu'il cessa dans ce moment de lui être adhérent, si ce n'est par quelques points les plus tenaces qui s'y attachèrent au moment qu'il se retiroit et se congeloit.

A la ferme de M. le Chev. *Giovannini*, appelée *Poder nuevo*, nous vîmes à fleur de terre sur les derniers confins des *pepe-rini* une roche brune, très-dure, micacée, et à grandes facettes. Nous prîmes beaucoup de peine, et nous donnâmes plusieurs coups de marteau pour en détacher quelques fragmens pour notre collection minéralogique ; nous fûmes fort surpris de voir que c'étoit absolument la même que nous avions trouvée au *Piaggione*, et que j'ai décrit sous le nom de *lave micacée limoneuse*.

En descendant de cette ferme, et en quittant le chemin à main droite, on trouve le *fosso degli Ontani*. Après l'avoir passé au pied du *Poggio Curatole*, on trouve une source d'eau minérale appelée dans le pays *Acqua forte*. Nous la visitâmes, et nous tâchâmes d'en reconnoître la qualité, en faisant les observations qu'il étoit possible de faire sur le lieu même, puis nous en prîmes deux bouteilles pour la soumettre aux réagens chimiques.

Cette eau sort d'un petit bassin qui se trouve à fleur de terre, et qui peut avoir environ trois pieds d'ouverture, et un peu moins de deux pieds de profondeur. L'eau sort en bouillonnant du fond de cette cavité par plusieurs trous, entraînant avec elle une quantité de bulles d'un fluide aériforme, qui, en s'élevant à la surface de l'eau, se dissipe dans l'atmosphère. Voici les expériences que nous fîmes sur cette eau :

1.° Elle est limpide, mais on voit surnager à sa surface une *conferve* verte sur laquelle se fixent quelques particules d'une terre jaunâtre, que les bulles, en s'échappant, emportent jusques à la surface de l'eau.

2.° Le plus souvent elle ne manifeste aucune odeur sensible ; cependant j'y ai trouvé quelquefois une légère odeur sulfureuse qui disparoissoit à l'instant.

3.° Son goût est sensiblement aigrelet, et n'est pas désagréable.

4.° Le thermomètre qui étoit à l'ombre à treize degrés au-dessus de zéro, plongé dans cette eau, est monté au dix-septième degré, quoiqu'elle ne parût pas sensiblement chaude à la main. Mais le matin, avant le lever du soleil, elle semble beaucoup plus chaude, et perd ensuite cette chaleur sensible, à mesure que le soleil s'élève sur l'horizon.

5.° Elle a la propriété d'incruster en tartre tout ce qu'elle baigne, et produit le travertin ; de manière que ces incrustations et ces amas de dépositions travertines doivent naturellement obstruer les conduits où elle coule, et l'obliger à changer de cours.

6.° L'eau de chaux, à peine mêlée avec cette eau minérale, devient laiteuse. Si on l'expose dans un vase ouvert à la surface de la fontaine, sans qu'il y ait de contact immédiat entre l'une et l'autre, on voit sur le champ l'eau de chaux se couvrir d'une pellicule ou crême de chaux.

7°. Une bougie allumée et exposée à la surface de cette fontaine continue de brûler sans difficulté.

8.° En approchant le visage tout près de la surface de cette eau, je n'éprouvai aucune sensation, ni aux yeux, ni au nez, ni à la gorge.

9.° Après avoir recueilli dans une bouteille le gaz qui s'échappe du fond de la fontaine, j'y plongeai une bougie allumée qui s'éteignit aussitôt.

Telles sont les observations qu'il m'a été possible de faire sur les lieux mêmes et desquelles j'ai conclu, que le gaz qui s'en échappe, est l'*acide carbonique*, qui communique une saveur aigrelette à l'eau. Quant à la lumière qui ne s'éteint pas à sa surface, et quant à l'absence de toute sensation aux yeux, au nez ou à la gorge, qu'on éprouve quelquefois dans des lieux semblables, j'attribue ces effets à ce que la surface de la fontaine se trouve à fleur de terre, et communique sur le champ avec l'air libre : de manière que l'acide carbonique se dissipe à mesure qu'il arrive en bulles à la surface de l'eau.

La table suivante indique les effets des réagens chimiques sur cette eau que je fis transporter chez moi dans des bouteilles bien bouchées.

TABLE des effets des Réagens chimiques sur l'Acqua forte du Poggio Curatole.

Réagens.	Effets.
Solution de tournesol.	Elle rougit un peu.
Eau de chaux	Devint un blanc laiteux.
Papier teint de *terra merita.*	O.
Potasse.	Précipité blanc abondant.
Alkohol de savon.	Précipité blanc en flocons.
Acide sulfurique.	O.
Acide oxalique de sucre.	Précipité blanc abondant.
Ammoniaque	Précipité blanc prompt.
Muriate de barite.	*Idem.*
Acétite de plomb.	Précipité blanc, cailleux et abondant.
Nitrate d'argent.	Léger nuage blanc, opalin.
Prusiate de potasse	O.
Alkohol de noix de galle.	O.

D'après ces résultats, je conclus que cette eau étoit salino-acidule, et que ses sels étoient composés particulièrement d'acide sulfurique, et d'un peu d'acide muriatique à bases terreuses, et peut-être alcalines. Ainsi donc, en se rappelant ce que l'expérience a démontré sur les

K 4

qualités médicinales d'autres eaux analogues à celle-ci , on peut assurer avec certitude que l'*Acqua forte* , au moyen de son acide carbonique, est très-propre à corriger la corruption et le principe putride qui se manifestent, sur-tout en été , dans les premières voies : ses sels semblent très-propres à purger , à provoquer les urines, à diminuer le trop de lenteur dans les humeurs, et à stimuler légérement les solides.

En effet , les habitans des pays circonvoisins , et sur-tout ceux des Maremmes qui se rendant en été sur les montagnes , ont coutume d'en boire dans la belle saison : les bons effets qu'ils en éprouvent, la font passer pour apéritive et désobstruante.

A environ cent pas plus haut , mais toujours sur le penchant de *Poggio Curatole* , nous trouvâmes deux autres petits bassins d'eau froide. L'acide carbonique qui sortoit du fond en bouillonnant , et se dissipoit en bulles à la surface , la saveur , tout enfin me fit juger que cette eau étoit de la même nature que celle dont je viens de parler; avec cette différence, que dans les deux sources précédentes, l'eau est plus abondante, a moins de saveur, et est plus délayée. Les bergers d'alentour ont coutume d'y venir plonger leurs brebis quand elles sont attaquées de la galle, ou d'autres maladies cutanées. Notre guide et un paysan du *Poder nuovo*, nous assurèrent qu'ils parviennent à guérir ainsi radicalement leurs troupeaux, après avoir répété ces immersions plusieurs fois.

Il paroît certain que ces eaux ne jouiroient pas de cette réputation, et ne seroient pas employées à cet usage, s'il se trouvoit dans les environs quelque source abondante d'eau sulfureuse dont l'efficacité est spécialement indiquée dans les maladies cutanées. Au reste, l'*Acqua forte* est située dans un lieu qui est en litige. Les habitans d'*Arcidosso* et ceux de *St.-Fiora* s'en disputent la possession, chacun d'eux l'attribue à son district;

mais la contestation n'est certainement pas bien intéressante.

Après avoir passé à main gauche le *Fosso degli Ontani*, et en remontant quelques pas vers le chemin qui conduit à *St.-Fiora*, nous visitâmes *le Bagnaccio* dont les sources s'annoncent de loin par une puanteur sulfureuse extrêmement forte.

Dans un bas-fond d'environ vingt brasses de diamètre au-dessous de la région des châtaigniers, on voit quelques petits trous d'où découle par des sources bien minces et intermittentes, une très-petite quantité d'eau.

Elle est limpide, froide ; elle a une forte odeur sulfureuse et un goût aigre astringent, comme alumineux, et très-désagréable. Le terrain et les pierres sur lesquelles elle passe ou s'arrête, sont couverts d'une incrustation qui est plutôt une efflorescence d'un blanc-jaunâtre : c'est un soufre pur qui s'y dépose par la décomposition du gaz hydrogène sulfuré, qui continuellement s'en échappe, soit à l'humide, soit à sec ; de manière que le *peperino* qui se trouve exposé à l'action de ces émanations acido-sulfureuses, en est bientôt pénétré, se décompose, et devient insensiblement tendre et friable.

L'eau de chaux exposée au trou d'une de ces petites sources, qui s'étoit desséchée depuis quelques jours , y est devenue sur le champ laiteuse. Une bougie allumée s'y éteignoit toujours sur le champ. Le papier coloré de teinture de tournesol y devenoit rougeâtre. Et de même, en mêlant l'eau de chaux avec cette eau sulfureuse, elle est devenue laiteuse sur le champ; et le papier trempé dedans est devenu rougeâtre. D'après ces essais , d'après l'odeur sulfureuse, l'efflorescence de soufre, et d'après sa saveur, on juge facilement qu'il s'échappe de ces petites sources de l'acide carbonique et du gaz hydrogène-sulfureux ; et que l'eau contient peut-être quelque dose d'alun, ou sulfate d'argile en dissolution.

Le défaut de vases propres à la transporter, nous empêcha d'en emporter avec nous. J'ai voulu par deux fois en faire prendre depuis, pour pouvoir l'examiner plus attentivement au moyen des réagens chimiques, le malheur a voulu qu'à ces deux époques, la source s'est trouvée absolument sèche, de manière que je ne puis rien ajouter de plus sur la nature et la propriété de cette eau sulfureuse.

Après avoir repris le chemin qui conduit à *St.-Fiora*, nous trouvâmes très-fréquemment du carbure de fer, tantôt en pièces détachées et isolées, tantôt enchâssées dans les autres *anime di sasso* dans le *peperino* qui se trouve sur le chemin. A peu de distance de là, nous trouvâmes un hameau appelé le *Bagnora* qui consiste en plusieurs maisons séparées, et isolées les unes des autres dans les châtaigneraies, qui sont dans ce canton extrêmement agréables pendant l'été.

Les habitans de ces maisons sont des paysans fort à l'aise. Ils possèdent tous leur maison en propre ; chacun a son jardin, sa châtaigneraie, et souvent un petit morceau de terre labourable. Ainsi ils possèdent tous les moyens de pourvoir aux besoins peu nombreux de leur vie rustique. Ils sont indépendans, exempts de toute vexation de la part des riches ; ils ne désirent qu'une chose, à ce que me dit l'un d'eux ; ce seroit d'avoir une Église voisine pour n'être pas obligés d'aller chercher la messe jusqu'à *St.-Fiora*, qui cependant n'est pas à une grande distance.

Au-dessus de ce hameau, on voit une excavation de *peperino* décomposé et presque réduit en sable. Ce sable ou cette terre lavée dans plusieurs eaux, laisse au fond une quantité plus ou moins grande de paillettes de talc de couleur de cuivre. Ce résidu s'appelle poudre d'or dans le pays, mais on n'en fait aucun usage ; on le vend seulement pour faire de la poudre à sécher l'écriture. Dans ce temps-

là, une pièce de *peperino* qui étoit écrou-
lée, encombroit presque toute cette excavation, mais on pourroit très-facilement
l'en dégager.

Enfin, après avoir long-temps marché
à travers les champs et hors du chemin,
tanrôt à droite, tantôt à gauche, sous
l'ombre délicieuse et fraîche des châtaigniers, nous arrivâmes à *St.-Fiora* chez
M. *Thomas Luciani*, Ministre de M. le
Duc *Sforza Cezarini*, qui nous donna
l'hospice avec toute la grace et la politesse
imaginables.

Minéraux recueillis dans le voyage d'Arcidosso *à* St.-Fiora.

Pierres argileuses mêlées de molécules
calcaires, le plus souvent de forme
ovale comprimée, et dentritiques à l'intérieur. *Al Fosso delle Melacce*, *entre*
St.-Fiora *et Arcidosso.*

Grès, à couches lamelleuses. *Ibid.*

Pierre coltelline calcaire. *Ibid.*

Grès ou tuf, d'un jaune obscur, arrondi
en petits cailloux par les eaux, et extrêmement friable. *Ibid.*

Pierre calcaire qui se trouve par couches sur les rives du *Fosso delle Melacce.*

Grès qui se trouve de la même manière. *Ibid.*

Anime di sasso ou noyaux tirés du *peperino. Au-delà de cette fosse.*

Lave micacée limoneuse, avec de larges paillettes de mica. *Au Poder nuovo du Chev. Giovannini, entre Arcidosso et St.-Fiora.*

Incrustation tartreuse, calcaire, effervescente. *De l'Acqua forte, entre Arcidosso et St.-Fiora.*

Terre micacée, dont on retire du mica en poudre, avec des fragmens de *peperino* en décomposition, mais qui conserve cependant ses parties intégrantes. *Au-dessus des Bagnora.*

Paillettes de mica jaune bronzé, tirées de la terre précédente.

*Plantes recueillies en allant d'*Arcidosso *à St.-Fiora.*

Carduus palustris.	*Juncus articulatus a* (1).
Hypnum cuspidatum.	———— *conglomeratus.*

A la soufrière, sur des masses de *peperino.*

Lichen candelarius ⎫
———— fusco-ater ⎬ (2).
            ⎭

        Sur d'autres masses.

Lichen geographicus.

---

(1) *Juncus articulatus a.* La plus grande hauteur de cette plante est de dix pouces. Elle forme une espèce d'épi peu rameux ; les capsules sont noirâtres ; les articulations des feuilles sont très-distinctes et sensibles ; ces articulations ne sont pas éloignées de plus d'une ligne les unes des autres. Quelquefois on trouve les utricules dont parle Scheuchzer au commencement de l'épi.

(1) Ces deux *Lichen* furent trouvés par *Micheli* précisément dans le même endroit ; mais il les a confondus ensemble, et les a décrits comme s'ils ne faisoient qu'une seule et même, plante, comme il suit : *Lichen crustaceus, saxatilis, farinaceus, sulphureo - cinereus, receptaculis florum nonnihil tumentibus, primùm nigris, deindè rufescentibus.* Mich. N. P. G. pag. 96. N°. 13.

CHAPITRE X.

CHAPITRE X.

St. Fiora et ses environs.

St. Fiora est un gros bourg éloigné d'*Arcidosso* de quatre grands milles, qui pourroient bien passer pour cinq. Il est situé sur le penchant méridional, et le plus bas de la montagne, sur de hautes roches de *peperino*. On voit dans quelques endroits du bourg même, plusieurs pièces de ces rochers d'une très-grande hauteur, sur-tout à l'est, sous l'ancienne citadelle, et au-dessus du couvent des Augustins qui a été supprimé. Là, on voit le *peperino* s'élever en roches d'une hauteur démesurée, escarpées, et presque perpendiculaires; on y remarque des divisions ou des fentes linéaires qui forment autant de bancs contigus, verticaux, mais un peu inclinés de l'ouest au sud-est.

L

Là finit le *peperino* de ce côté de la montagne, et si on en retrouve plus bas, ce ne sont que des quartiers détachés et isolés, provenant sans doute des ruines des roches supérieures qui ont croulé.

La descente de *St. Fiora* à la rivière du même nom, n'est pas longue, mais elle est très-difficile, à cause des cailloux et des roches dont elle est parsemée. La rivière *Fiora* prend sa source au bas de cette descente ; elle coule vers le sud, et, après s'être grossie des eaux de plusieurs autres rivières ou torrens, elle va se décharger dans la mer vers *Montalto* dans la Maremme de l'État du Pape.

Quand on a passé cette rivière, le pays présente un nouvel aspect ; on ne trouve plus de *peperini*, ni aucune trace des volcans qui embrasèrent autrefois le grand groupe du *Montamiata*.

Nous nous mîmes en marche avec un guide, qui nous promit de nous faire voir une foule de curiosités. Nous passâmes la rivière, et nous remontâmes avec joie vers l'ouest des torrens hérissés de rochers, et d'un accès très-difficile; mais nous ne trouvâmes qu'un pays absolument calcaire, de sorte que nous ne pûmes rapporter de notre course autre chose que quelques morceaux de pierre calcaire auxquels étoient attachés de petits sulfures de fer, jaunes et luisans. Ils étoient, aux yeux de notre guide, autant de petits trésors; mais nous regrettâmes d'avoir essuyé tant de peine et de fatigues pour si peu de chose.

St.-Fiora est un bourg escarpé et très-mal bâti, à l'exception de la grande place qui est située dans la partie la plus élevée. Elle est unie, et forme un long rectangle bordé par le palais du Comte, par l'hôtel du Gouvernement, la tour de l'horloge, et par d'autres maisons moins considérables. L'édifice le plus remarquable est le palais du Comte. Il est grand, solidement bâti, et assez beau en dehors; mais dans l'intérieur, ce sont des salles immenses à la mode des anciens, mal distribuées, et dépourvues d'agrémens et de commodités ; enfin, ce château est celui d'un grand seigneur qui, ayant la faculté de vivre loin de là et de choisir un séjour plus agréable et plus commode, se soucie fort peu d'embellir une habitation qu'il ne vient jamais occuper.

St-Fiora est bien peuplé ; on y compte deux mille habitans, en y comprenant les gens de la campagne. Il y a un couvent de religieuses capucines, dont la règle est très-rigoureuse. C'est là que vont s'ensevelir toutes vives de jeunes filles qu'une dévotion qui va jusqu'à l'enthousiasme porte à se séparer du monde, qui est devenu pour elles un objet d'épouvante et de crainte.

En visitant l'église et l'extérieur du couvent, pénétrés de compassion pour les recluses de cette prison sacrée et terrible, nous ne cessâmes de faire des vœux pour qu'elles jouissent de toute la félicité dont ces lieux sont susceptibles.

Il est hors de doute que les personnes qui, comme elles, se sont vouées à toutes sortes de privations, n'ont d'espérance que dans l'avenir.

L'air est passablement bon à *St.-Fiora* pendant la plus grande partie de l'année ; mais en été, les vents du Midi qui y arrivent par le vallon où coule la *Fiora*, après avoir rasé les basses campagnes de la *Maremma* qui est tout près, étant retenus par la montagne opposée, cessent de circuler, et en rendent le séjour sinon suspect, au moins plus salubre qu'on ne le pourroit espérer dans un pays de montagnes.

Il y a dans *St.-Fiora*, ainsi que dans ses environs, d'abondantes sources d'eau qui coulent perpétuellement, et en tout temps. On en a tiré un grand parti pour des moulins à blé, des moulins à foulon, une forge à fer, et une teinturerie. Il est certain que ces eaux seroient une véritable richesse pour le pays s'il y avoit des chemins plus praticables pour y arriver, et pour faciliter le débouché des marchandises sortant des manufactures.

Il y a en outre, dans la partie inférieure de ce lieu, un grand réservoir d'eau vive consacré aux truites, que l'on conserve pour l'usage particulier des Comtes. Nous en vîmes beaucoup qui nagoient ; mais elles sont inférieures, pour le goût et la délicatesse, à celles que l'on pêche dans la rivière *Fiora* ; il seroit, je crois, très-difficile d'en trouver de meilleures dans toute l'Italie.

Toutes ces eaux venant à se réunir ensuite au-dessous de *St.-Fiora*, donnent naissance à la rivière de ce nom.

Le comté de *St.-Fiora*, qui étoit chef-lieu d'une seigneurie, faisoit autrefois partie de l'état que possédoient en souveraineté les comtes *Aldobrandeschi. Guido di Buoso Sforza* épousa *Cécile Aldobrandeschi*, qui lui apporta en dot *St.-Fiora* avec ses dépendances. *Marie Sforza* en vendit la souveraineté en 1633 à *Ferdinand II*, grand Duc de Toscane; mais ce dernier la lui rendit le même jour à titre de fief: de manière qu'il est encore possédé aujourd'hui par la maison *Sforza Cesarini*. Un Vicaire féodal nommé par le Comte, gouverne ce pays, qui relève pour le criminel du Vicaire royal d'*Arcidosso*.

Je ne veux pas finir ce Chapitre sans faire mention d'une cérémonie des habitans de *St.-Fiora*. Tous les ans, au premier de Mai, ils apportent des forêts voisines un arbre tout entier, et le plantent au milieu de la ville sous le nom de *Mai* avec beaucoup de pompe et d'acclamations.

J'ai vu pratiquer la même cérémonie en France, en certains endroits. On alloit chaque année planter un mai le plus haut que l'on pouvoit trouver, devant la maison des premiers magistrats des villes principales; dans les terres seigneuriales, on le plantoit devant le château du Seigneur du lieu, et enfin vis-à-vis l'hôtel des personnes

de distinction auxquelles on vouloit offrir
cet hommage d'attachement et de respect.

Plantes trouvées dans les fossés aux envi-
des forges de St.-Fiora.

Convallaria latifolia.	*Potentilla recta.*
Moerhingia muscosa.	*Veronica beccabunga.*
Marchantia conica.	*Viola tricolor. α*
Lysimachia punctata.	*Iris pseudo-acorus.*
Circæa Lutetiana.	*Eupatorium cannabinum.*
Ranunculus lanuginosus.	*Senecio Sarracenicus.*
Polygonum persicaria.	*Marchantia hemisphærica.*
Æthusa Cynapium.	

Dans l'eau de ces fossés.

Callitriche verna.	*Fontinalis squamosa.*
Zannichellia palustris.	

CHAPITRE XLJ
Voyage à la Trinité *et à* Selvena.

COMME nous étions dans le voisinage de la *Trinité* et de *Selvena*, nous nous déterminâmes à employer la journée du 19 à la visite de ces lieux. Ce dernier sur-tout excitoit beaucoup notre curiosité à raison des mines de cinabre qu'il renferme.

Nous partîmes donc de bonne heure de *St.-Fiora*, et nous nous avançâmes vers *Selvena* qui est à cinq milles de là. En descendant à la rivière *Fiora*, nous perdîmes de vue les *peperini*. Ils furent remplacés par les pierres coltellines calcaires. Nous vîmes dans le lit de cette rivière un grand nombre de cailloux de *peperini* détachés de la montagne, et qui y avoient été entraînés par les eaux. Il y en avoit également un grand nombre dans le torrent *Scabbia* qui vient du pied de la montagne du côté de l'est, et se décharge dans la *Fiora* à cet endroit.

Un peu plus loin, après avoir passé un petit pont, nous arrivâmes *al Monte Calvo* au pied duquel continue le chemin qui conduit à *Selvena*. Nous commençâmes à trouver de ce côté des stéatites de diverses couleurs, rouges, vertes, et d'un vert céladon ; les unes seules et isolées, les autres mêlées avec du quartz, et formant ainsi différentes brèches stéatitiques dont nous recueillîmes différens morceaux.

En quittant le chemin, et en montant sur la montagne, nous rencontrâmes divers bancs de pierre coltelline calcaire, sillonnée de filets, et dendritique, qu'on rencontre aussi en suivant le chemin de *Selvena*.

Les filets de ces pierres sont linéaires, relevés, superficiels, et forment divers angles en se croisant les uns les autres ; et comme ils sont de spath calcaire, lorsque cette substance, comme plus tendre que le reste de la pierre, vient à se décomposer, elle laisse vide la place qu'elle occupoit. C'est ce qui fait que la majeure partie de ces pierres qui sont exposées aux injures des temps, au froissement des eaux et à quantité d'autres accidens, ont la surface marquée d'autant de petits sillons linéaires qu'il y avoit auparavant de filets spatheux.

Laissant la *Trinité* au-dessous de nous, à main gauche nous trouvâmes au bout d'un hallier, qui n'étoit pas infiniment fourré, un grand nombre de morceaux de calcédoine tuberculée; les unes blanches, les autres tachetées; d'autres mélangées avec d'autres pierres, et marquetées de stéatites et de quartz. Nous en fîmes une ample récolte, dont nous nous chargeâmes, nous et nos montures. J'avois pris l'habitude depuis quelque temps de ne charger que le moins possible le paysan qui nous servoit de guide, parce que je m'étois apperçu que quand nous le chargions un peu trop, il ne se soucioit pas beaucoup de nous conduire aux lieux où nous pouvions trouver des objets intéressans.

Nous trouvâmes en , descendant au *Fosso della Carminata* , plusieurs fragmens d'une pierre ocracée garnie de stéatites d'un jaune obscur, des cristaux de spath rhomboïdal , et plusieurs morceaux de manganèse. Ce fut ainsi, moitié recueillant, moitié observant, que nous arrivâmes au village de *Selvena*.

Une maison appelée le palais du Comte, qui n'est ni belle ni grande , une église paroissiale , quelques méchantes maisons de paysans , et quelques autres bâtimens appartenans aux *mines de mercure :* voilà ce qui compose le village de *Selvena*. On voit à quelque distance de là le vieux château avec d'anciennes fortifications , mais il est aujourd'hui à demi-ruiné et abandonné.

Selvena peut être considéré de ce côté comme l'entrée de la Maremme Siennoise. Nous nous occupâmes à l'instant d'en visiter les environs. Au-dessus du palais, si toutefois on peut lui donner ce nom, nous trouvâmes à fleur de terre, dans un champ nommé *Poggio Paulorio*, une grande quantité de petits cristaux de roche très-limpides, formant des prismes hexaèdres terminés par les deux pyramides.

Au-dessous de ce palais, le long du torrent, nous visitâmes un lieu appelé les *Soufrières*, où se trouvent plusieurs sources d'une eau sulfureuse et ferrugineuse, qui dépose du soufre, du vitriol vert ou sulfate de fer. On trouve encore dans ces environs, à fleur de terre, des sulfures de fer ; ce qui donne lieu de présumer qu'il doit y en avoir beaucoup de cachés dans les entrailles de la terre. Ces sulfures venant ensuite à se décomposer produisent le gaz hidrogène sulfureux, le soufre et le sulfate de fer dont ces sources sont chargées. Nous trouvâmes encore tout près de là des pierres gypseuses, avec des cristaux de sélénite ou de sulfate de chaux.

Uu peu plus bas est la manufacture de vitriol vert. Elle est bien bâtie, et a de magnifiques, magasins dans lesquels nous vîmes une grande quantité de vitriol dont la majeure partie étoit tombée en efflorescence, se décomposoit et se perdoit. Cette fabrique, qui étoit déjà célèbre dans les deux derniers siècles, (*) avoit été rebâtie il y a peu de temps, et on n'avoit négligé aucune dépense pour lui procurer toutes les commodités; mais elle est aujourd'hui sans activité et presque abandonnée : ce qui peut être causé par le bon marché où se trouve actuellement cette marchandise, et plus encore par le manque de débouché de ce lieu qui est hors de la portée du public, et d'un accès très-difficile; d'où il arrive que le prix que l'on peut espérer de ce vitriol, en comparaison de celui des autres fabriques, n'indemnise pas des avances et des frais.

____

(*) Le *Mercati*, dans sa *Metallotheca vaticana*, (pag. 61) donne une ample et exacte description de cette manufacture qui étoit en pleine vigueur de son temps. Il joint à la description de très-belles gravures, qui représentent le local, les diverses opérations, et les instrumens de cet atelier.

A peu de distance de là, auprès d'un torrent appelé la *Canala*, se trouvent des morceaux isolés d'antimoine, quelquefois cristallisés à gros prismes réunis ensemble. J'en conserve deux superbes groupes dans ma collection.

En remontant en dessus vers les mines de cinabre, nous visitâmes une excavation d'une terre granuleuse, blanche ou jaune, appelée dans ce pays *marmorino*. La jaune, d'après l'analyse que j'en ai faite, est composée de fer, de chaux, d'argile et de silex. On s'en sert pour dérouiller et nettoyer les métaux, et sur-tout les ustenciles de cuivre jaune.

Nous passâmes ensuite aux mines de cinabre ou de mercure. Elles sont situées un peu au-dessus, sur la colline, creusées presqu'à fleur de terre; il n'y a point de puits, point de galleries souterraines; enfin il y a si peu de mineurs, que le travail alloit très-lentement. Quand nous y fûmes, il n'y avoit que trois ouvriers qui y travailloient, et leur besogne consistoit plutôt à gratter la terre qu'à la fouiller et à la creuser.

Le cinabre s'y trouve enfoui dans l'argile, les morceaux qu'on avoit tiré contenoient peu de mercure ; ils formoient autant de mottes de marne argileuse. Lorsque ces mottes ou glèbes sont colorées par des veines et efflorescences de cinabre natif, alors on les regarde comme les plus riches. Mais si elles sont simplement bleuâtres ou d'un gris obscur, les mineurs les regardent comme les plus pauvres.

Cette mine de cinabre se présente par veines ou sillons de marne argilleuse, situés dans une espèce de terre jaune grenue ou de *marmorino* jaune, et souvent avec des couches de pierre calcaire feuilletée qui y sont mêlées. Nous visitâmes ensuite le fourneau où l'on extrait le mercure de ces glèbes argileuses. Voici le procédé dont on fait usage ; procédé ancien à la vérité, mais que le sieur *Luciani*, directeur actuel, est obligé de suivre, quoiqu'il en sente toute l'imperfection,

fection, parce qu'il manque d'ouvriers intelligens et capables de mieux faire.

On prend les glèbes argilaceo - cinabrines, et on les met, telles qu'elles se trouvent, dans un grand fourneau construit de la manière suivante:

Il est divisé en deux parties dont l'inférieure est le foyer, et la supérieure est le laboratoire où se placent les glèbes. Le foyer n'a point de cendrier en - dessous; pour y suppléer, on a pratiqué des ouvertures dans ses parties latérales beaucoup au-dessus de son niveau, et précisément au-dessous du laboratoire. C'est par ces ouvertures que s'échappent la flamme et la fumée. Il y en a une autre au-dessous des premières par laquelle on met le bois, et par où l'on retire les cendres quand il y en a trop. Le laboratoire est rond. Le fond qui le sépare du foyer est de pierre de *peperino*. Il est couvert d'un dôme de terre cuite composé de plusieurs pièces bien lutées ensemble. Au haut de la voûte il y a une ouverture d'environ un pied de diamètre, à laquelle on adapte un tube de terre cuite recourbé, à l'extrémité duquel on en ajoute plusieurs autres de la même matière. Tous ces tubes suivent une direction inclinée, et vont tellement en diminuant, que celui qui est à l'extrémité n'a pas plus d'un demi-pied de diamètre. Ce dernier est recourbé vers la terre, et a deux ouvertures; l'une au point de la courbure, et tellement dans la direction des autres tubes qui le précèdent, qu'elle pourroit en être regardée comme l'embouchure; l'autre ouverture est à l'extrémité de ce tube recourbé, et est plongée dans une large marmite presque toute pleine d'eau. Les jointures de ces tubes sont lutées avec beaucoup d'exactitude. Outre l'ouverture qui correspond aux tubes, le laboratoire de ce fourneau a une autre bouche latérale fort large par laquelle on y introduit les glèbes cinabrines, et qu'on referme ensuite hermétiquement. Après cela, on met le feu au bois contenu dans le foyer ; la chaleur décompose le cinabre, brûle et disperse le soufre, tandis que le mercure, qui, en s'élevant en vapeurs, prend la route du tuyau recourbé, passe dans les tubes qui lui sont adaptés ; une partie descend dans la marmite pleine d'eau, où il se condense et se précipite ; tandis que l'autre partie s'attache aux parois du tuyau, sur-tout vers son extrémité. Mais pour faire descendre le mercure jusques dans le récipient, et empêcher qu'il ne vienne à engorger les tubes, on introduit un bâton garni d'un vieux linge à son extrémité, par l'ouverture qui est dans la direction de ces tuyaux ; et par ce moyen, on parvient à les nettoyer. Au surplus, on ouvre de temps en temps la bouche latérale du laboratoire, soit pour remuer les glèbes qu'on y a mises et faciliter le développement du mercure, soit pour y en introduire de nouvelles quand les premières, après douze heures environ de cuisson , sont supposées ne plus contenir de ce métal.

Voilà quel est l'appareil et le procédé dont se servent ces ouvriers, mais il me semble bien imparfait et bien peu économique. D'abord je m'apperçus à la seule inspection, que toutes les glèbes ne se trouvent point complètement dépouillées du mercure qu'elles contiennent, et qu'il se perd beaucoup de celui qu'on en fait sortir. On pourroit tirer un bien plus grand avantage de ces mines, en prenant plus de précautions tant dans la manière de les fouiller, que dans le travail au feu.

Premièrement, on devroit faire les excavations avec règle et avec une certaine méthode. Par exemple, on devroit creuser des puits et des galeries ou chemins souterrains, pour ne point encombrer le lieu que l'on a creusé la veille; employer plus de bras pour perfectionner et accélérer le travail, et pour trouver et suivre les sillons et les veines, sans en perdre désormais la trace.

Secondement, il faudroit si non pulvé-
riser, au moins concasser la glèbe, pour
que le cinabre présentât au feu plus de
surface, et qu'il se décomposât ainsi plus
promptement et plus complètement.

En troisième lieu, il seroit très-utile
de mêler avec ces glèbes ainsi concassées,
au moment où on les met au feu, quelques substances propres à faciliter la décomposition du cinabre, et par conséquent
le développement du mercure, telles que
le fer, ou bien, pour plus d'économie,
la craie, la marne calcaire et la chaux.

Enfin, il seroit mieux d'employer des
tuyaux d'un plus large diamètre, plus
inclinés, et qu'ils fussent terminés par un
appareil pneumato-chimique à l'eau, pour
empêcher qu'il ne se perdît un seul atome
de mercure ; ce qui rendroit l'opération
beaucoup moins dangereuse pour les ouvriers.

Ces précautions, et autres semblables
que je n'indique point pour ne pas m'étendre davantage, mais qui sont parfaitement

M 3

connues de ceux qui ont examiné avec attention les opérations des mines, rendroient, sans contredit, beaucoup plus considérable et plus sûr le produit de celle dont il s'agit, et elle ne seroit pas tombée dans l'état presque total d'abandon où elle est dans ce moment. On fait assez facilement des entreprises semblables, mais pour qu'elles réussissent et se soutiennent, il faut y donner une attention soutenue, et user de la plus scrupuleuse économie.

Nous quittâmes *Selvena*, après avoir recueilli tout ce qui pouvoit intéresser l'histoire naturelle de ces lieux, et ayant pris la route de la Trinité qui est presque à moitié chemin entre *Selvena* et *St. Fiora*, nous y arrivâmes à l'heure du dîné.

La Trinité est un couvent de Recollets du Diocèse de *Sovana*, situé dans un désert au milieu d'une forêt. Ces Religieux, au nombre de dix-huit à vingt, y vivent des aumônes des villages d'alentour qui en sont assez éloignés, et des secours des gens de la campagne,

auxquels ils procurent en échange non-
seulement les ressources du ministère de
la Religion, mais encore des médicamens
gratuits qu'ils recueillent et préparent
eux-mêmes dans leur petite apothicairerie;
de sorte que ces Réligieux, sous ces
deux rapports, sont d'un très-grand
secours à ce pays.

De plus, ils exercent l'hospitalité, et
ils nous y accueillirent avec toute la
simplicité, beaucoup de bonhomie, et tout
le zèle que l'on peut désirer. Quoique leur
couvent soit situé dans un lieu sauvage,
et même on peut dire affreux, il est
cependant bien bâti, spacieux, commode
et tenu fort proprement. L'église est
encore plus belle et plus propre.

Il y a sur la première porte de ce
couvent un bas-relief représentant un
guerrier qui combat un dragon, au-
dessous duquel on lit l'inscription suivante :

« Il signor conte di S. Fiora andando a caccia
» per il bosco di questo convento nel 1125. s'in-

» contrò in un orrendo serpente, e raccoman-
» datosi alla SS. Trinità, l'occise. »

C'est-à-dire, « le seigneur comte de
» *St. Fiora* allant à la chasse dans la forêt
» de ce couvent en 1125, rencontra un
» serpent effroyable ; il se recommanda à
» la très-Sainte-Trinité, et le tua. »

Le caractère, le style et l'orthographe
annoncent que cette inscription est pos-
térieure de plusieurs siècles à la date
qu'elle indique.

On nous fit voir dans la bibliothèque
du couvent la partie supérieure de la
tête de ce prétendu horrible serpent ;
c'est la machoire supérieure et une partie
du crâne d'un crocodile, couverte de sa
peau ; mais elle n'a point de dents.
Vraisemblablement elles seront tombées
de vétusté, ou on les aura peut-être
emportées par dévotion, (*) quoique tout
le monde pût voir clairement que cette

(*) On m'a assuré que l'autre moitié de cette tête
de crocodile se trouve conservée avec soin à Rome
dans le couvent de la Trinité des monts.

tête appartenoit à un crocodile, animal amphibie, qui n'a jamais existé en Europe, et encore moins sur des montagnes et dans les bois; elle servoit cependant beaucoup à accréditer le prétendu miracle. En effet, le peuple qui, sur-tout le jour de la très-Sainte-Trinité, se rend en foule à ce monastère, avoit coûtume de baiser cet ossement avec autant de dévotion que si c'eût été une relique miraculeuse: mais les Religieux actuels qui sont raisonnables et éclairés, et qui sont bien loin de vouloir abuser le public, l'ont retiré, et ont fait cesser par ce moyen cette sorte de superstition.

Nous parcourûmes après dîner, les environs du couvent, et sur-tout un très-beau bois qui forme comme une espèce de parc tout autour. Nous nous enrichîmes de beaucoup de plantes et de minéraux, puis nous reprîmes le chemin de *St. Fiora*, fort satisfait de notre excursion.

Arrivés au pied de la montagne au-dessous du bourg, nous passâmes la *Fiora* pour visiter un rocher élevé et isolé qui se trouve à deux portées de fusil de la rivière, et que l'on appelle dans le pays *Pietra rossa.* Il est planté sur une colline, et est élevé au-dessus du sol d'environ six pieds du côté qui regarde *St. Fiora.* Il est composé de plusieurs masses réunies qui tombent en ruine, et dont il se détache de temps en temps des morceaux plus ou moins gros qui roulent dans le champ qui est au-dessous. Sa composition est vraiment singulière et extraordinaire; nous tournâmes tout autour pour bien le considérer, et non contens de cela, nous grimpâmes jusqu'à son sommet; mais ce ne fut pas sans peine et sans danger.

D'après notre examen, et d'après les morceaux que nous en détachâmes, nous nous assurâmes que cette roche est composée de plusieurs pierres différentes, ou plutôt une grosse *brèche* dans laquelle nous distinguâmes :

1.º Une brèche composée de pierre calcaire et de schiste rougeâtre, avec des veines de stéatite verte.

2.° Une espèce de pierre silicée, étincelante, très-fragile, et de couleur ferrugineuse.

3.° Du granit d'un vert brun, très-
étincelant, et composé de deux espèces
de pierres, de jaspe vert, et de parcelles
quartzeuses blanches.

4.° Un autre granit analogue au précédent, d'un ciment blanchâtre avec des
taches verdâtres.

5.° De la serpentine verte-noirâtre.

6.° *Dite*, d'un vert-clair tendant vers
le gris.

7.° De la stéatite verte, et d'un vert
céladon.

8.° Des *smectites* d'un brun plombé,
et verdâtres.

9.° Du spath calcaire rhomboïdal.

10.° Des Filons ou veines spatheuses
calcaires.

11.° Des cailloux de diverses sortes
roulés par les eaux.

Enfin, cette roche est un assemblage
de beaucoup de substances diverses, tellement amalgamées ensemble, qu'il est

très-facile de distinguer les unes des autres; soit qu'elles soient en grosses ou en petites pièces. Nous nous sûmes bien bon gré d'avoir pris la peine d'aller visiter cette roche extraordinaire, en ce qu'elle est absolument isolée, et qu'il n'y a aucunes substances qui lui soient analogues dans le pays calcaire où elle s'élève à tant de hauteur. Enfin la nuit étoit déjà avancée lorsque nous arrivâmes à *S. Fiora.*

Minéraux recueillis dans le voyage à Selvena *et à la* Trinité.

Brèche siliceuse étincelante, d'un vert brun, pleine de parcelles quartzeuses blanches; ou granit composé de deux substances. *A la Pietra rossa, au-dessous de St. Fiora.*

Pierre siliceuse très-fragile, étincelante, et de couleur ferrugineuse. *Ibid.*

Gabbro ou serpentine vert-noirâtre. *Ibid.*

Idem d'un vert brun, plus dur que le précédent. *Ibid.*

Pierre siliceuse étincelante, blanchâtre, avec des taches vertes. *Ibid.*

Brèche composée de pierre calcaire et de pierres magnésiaques rouges, avec des veines de stéatite verte. *Ibid.*

Carbure de fer trouvée dans la forêt entre *St. Fiora* et *Selvena*.

Amas de calcédoine tuberculeuse. *A la fin de la forêt entre St. Fiora et Selvena.*

Le même, couvert d'une cristallisation presque lenticulaire, verdâtre, transparente, facile à être attaquée par l'acier. *Ibid.*

Stéatites couleur de rouille. *Ibid.*

Stéatites vertes. *Ibid.*

Pierre calcaire rougeâtre, effervescente, avec des molécules rares de stéatite verte. *Ibid.*

Pierre argilleuse noirâtre, lamelleuse, luisante, douce au toucher, et très-ferrugineuse. *Ibid.*

Brèche composée de pierre calcaire à filamens spatheux, avec une quantité de parcelles de stéatite verte. *Ibid.*

Brèche de quartz blanc et stéatite, verdâtre et rouge. *Ibid.*

Quartz blanc ondulé avec des fragmens de stéatite verte. *Ibid.*

Quartz blanc parsemé de petits morceaux de stéatite verte. *Ibid.*

Quartz couleur de chair avec un petit nombre de parcelles de stéatite verdâtre. *Ibid.*

Très-belle brèche de calcédoine et de stéatite. *Ibid.*

Brèche composée de stéatite verte en partie lamelleuse, et de grosses veines de quartz blanc. *Ibid.*

Brèche composée de stéatite verte, et de quartz blanc. *Ibid.*

Belle brèche composée de quartz blanc, et de stéatites bleuâtres. *Ibid.*

Pierre ocreuse rouge et jaune, avec des steatites d'un jaune-brun. *En descendant au torrent de la Carminata.*

Pierre calcaire couverte de cristaux de spath rhomboïdal. *Ibid.*

Manganèse. *Ibid.*

Glèbe argileuse avec du sulfate de fer un peu acide. *Aux soufrières en-dessous du palais de Selvena.*

Glèbe argilleuse avec du sulfate de fer comme la précédente, mais plus compacte. *Ibid.*

Glèbe argilleuse très-verte, mamellonée d'un côté. *Dans le torrent au-dessous des mines de vitriol à Selvena.*

Pierre gypseuse avec des cristaux de sulfate de chaux. *Dans les environs de la mine de vitriol sous Selvena.*

Glèbe argilleuse. *Dans les mines de cinabre à Selvena.*

Grès de nature calcaire, qui se trouve dans la marne argileuse de ces mines.

Minerai de cinabre natif, ou glèbe argileuse avec cinabre de *Selvena.*

Cinabre natif roulé, trouvé par les ouvriers dans les champs au-dessous de *Selvena.*

Petits morceaux de cinabre natif roulés par les eaux. *Dans le torrent au-dessous de Selvena.*

Glèbe de terre blanchâtre appelée *Marmorino bianco;* elle est granuleuse, très-fine, et fait effervescence avec les acides. *Dans les mines de Selvena.*

Terre granuleuse jaune appelée *marmorino giallo. Dans les mines de Selvena.*

Pierres calcaires qui se trouvent parmi ce *marmorino gialla.*

Petits cristaux de roche de figure complète avec et sans prisme intermédiaire et bien transparens. *Dans le champ au-dessus du palais de Selvena appelé Poggio Paulorio.*

Morceaux de minerai d'antimoine, ou sulfure d'antimoine de *Selvena.*

Les morceaux d'antimoine dont je viens de parler, sont, comme tous les autres, de hasard et très-beaux. L'un d'eux est composé de plusieurs petits paquets de prismes posés sur un centre commun et divergens, de manière qu'ils se croisent respective-les uns les autres en tous sens, précisément comme il arrive en petit, dans la sulfure d'antimoine en aiguilles.

Les prismes sont tétraèdres, souvent longs de trois pouces; leurs facettes ont

trois

trois lignes de large tout au plus; ils sont ou d'un gris-noir, ou bien couverts d'une efflorescence d'oxide rouge d'antimoine.

Le second de ces morceaux est formé de prismes moins grands, mais plus nombreux, et entrelacés d'une manière plus compliquée et plus bizarre. Ces prismes sont striés, tout couverts de l'efflorescence ordinaire rougeâtre; et quoiqu'il soit difficile de déterminer leur figure, ils m'ont paru hexaèdres. On y remarque tant sur la surface que dans les cavités, un grand nombre de petits cristaux de soufre transparens.

Plantes observées dans ce voyage.

A la *Pietra rossa*, sur les rochers.

Lichen parellus.	Lichen Michelianus (2).
———— tartareus.	———— candelarius.
———— scaber (1).	———— geographicus.

A la *Trinité.*

Hypnum viticulosum.	Ilex aquifolium.
Atropa belladona.	Scrapias ensifolia.
Lamium album.	Pinus picea.

N

Carpinus betulus.
Tilia europæa.
Acer pseudo-platanus.
Sanicula europæa.
Euphorbia sylvatica.
Cyclamen europæum.
Hypnum crista castrensis.
Geranium Robertianum.
Hypnum myosuroïdes.
Campanula medium (3).
Hypnum cincinnatum (5).
———— *sericeum.*
———— *prælongum.*
Lichen caninus.
———— *tremella.*
Bryum apocarpum. ᵷ
——— —— *rigidum.*
Jungermannia nemorea.
Serapias latifolia.
Tamus communis.
Chærophyllum sylvestre.
Salvia glutinosa.

Circæa lutetiana.
Peziza crassa. (4).
Acer campestris.
Corylus avellana.
Geum urbanum.
Daphne laureola.
Pulmonaria officinalis.
Cornus sanguinea.
———— *mascula.*
Sison amomum.
Cyathus striatus.
Ulmus campestris.
Fagus sylvatica.
Hypnum complanatum β (6).
———— *alopecurum.*
——— *denticulatum.*
——— *sylvaticum.*
Lonicera caprifolium (7).
Jungermannia asplenioïdes.
Targiona sphærocarpos.
Mnium serpyllifolium ᵷ *cuspidatum*

———

(1) *Lichen scaber, leprosus, luteo-cinereus, tuberculis cylindricis concoloribus.* (Voy. pl. IV.)

An lichen crustaceus saxatilis verrucosus pallidus, receptaculis florum concoloribus, et basi quâdam superpositis, priapum perbellè repræsentantibus? Michel. Nov. plant. gen. ord. XXXVII. N.° 24.

C'est une croûte d'environ une demie ligne d'épaisseur qui s'étend beaucoup, de couleur jaune, cendrée et verdâtre à l'humidité. On voit à sa surface plusieurs petits tubercules de figure presque cylindrique, le plus souvent arrondis et percés au sommet.

(2) *Lichen crustaceus saxatilis, farinaceus, rimosus; et veluti tessellatus ex cinereo-albicans, vulgatissimus, receptaculis florum nigris.* Michel. Nov. plant. gent. ord. XXXVII, N.° 20. tab. 54. fig. 7.

La croûte varie en grosseur; sa couleur est plus ou moins foncée.

(3) Dans plusieurs campanules, le style est tout couvert de glandules blanches piliformes qui s'introduisent dans les anthères, et toute la poussière fécondante y reste attachée. Il paroît que c'est au moyen de ces glandules que le pollen s'introduit jusqu'au germe, car les anthères n'arrivent pas jusqu'au stigmate, et les fleurs ne sont pas inclinées.

(4) *Peziza crassa, coriacea fusca, cratheriformis; margine lacero.* Voy. pl. V. Le N.° 1 la présente fraîche, et le N°. 2 la fait voir sèche et coriacée.

(5) *Hypnum cincinnatum, proliferum, perichætiis longitudine ferè setarum, calyptrâ pilosâ, surculis siccitate convolutis.* (Nobis) (Voy. pl. VI.)

Dans cette plante qui est vivace, les péduncules naissent aux côtés de la base des rameaux : ils sont pâles et un peu repliés en avant. Fig. 1. *a*

Le *perichetium* est formé d'écailles lancéolées, aiguës, plus courtes que le péduncule, et couvre un tubercule rougeâtre. Fig. 4, 5, 6. — *o*.

La capsule est ovale, aussi longue que le péduncule. Fig. 4, 5, 6. — *m.*, d'abord verte, puis rougeâtre; le *péristome* a extérieurement seize dents aiguës : on

N 2

n'a pu, à l'aide de la loupe, découvrir les poils extérieurs. *L'anneau* est rouge.

L'opercule a près d'une ligne de long ; il est en cône pointu, plié et rougeâtre. Fig. 5. — *r.*

Le *capuchon* est pointu, (*smezzato*) *tronqué par la moitié*, légérement velu, plié d'un côté. Fig. 4. — *r.*

Les *surcules* sont d'abord simples, roides, et en forme de massue ; mais ensuite lorsque de nouveaux rejetons viennent à naître de leurs côtés, ils forment une feuille pinnée, qui devient successivement bi-pinnée et tripinnée, à mesure que les autres rejetons croissent à la base et aux côtés des anciens. Fig. 1., *c.* Fig. 2.

Les *frondes* étant jeunes sont d'un beau vert luisant ; les anciennes deviennent d'un vert pâle et livide ; et le filet (*rachis*) qui est vert dans les jeunes feuilles, devient rouge dans les vieilles. Quand elles sont humides, elles sont lancéolées, et font un angle obtus avec la tige ; mais quand elles sont sèches, elles se retirent ; le sommet et les côtés se roulent de manière à couvrir toute la surface extérieure, comme on le voit, fig. 3.

Les feuilles sont petites, ovales, obtuses, transparentes et ouvertes quand elles sont humides ; quand elles sont sèches, elles sont ridées et appliquées au rameau. Elles sont imbriquées, et, observées au microscope, on les voit parsemées d'un grand nombre de points transparens. Fig. 7 et 8.

Cette mousse croît sur les troncs de chênes verts et sur les ormes. On la trouve encore dans la *macchia* de Pise, et dans le jardin de *Boboli*, à Florence.

Elle pourroit bien être l'*hypnum Smithii surculis pinnatis undiquè ramosis, foliis suborbiculatis, subconcavis, capsulis ovato-cylindricis : calyptra sursùm pilosa.* Linn. ed. Gmel. p. 1347. Dichs ; crypt. Brit. 2. p. 10. T. 5. F. 4 ; Coll. off. driad. pl. n. 19. Nons ne connoissons pas cet ouvrage, de manière que nous ne pouvons pas assurer si l'*hypnum Smithii* est le même que l'*hypnum cincinnatum.* Mais comme dans la description que nous venons de citer on ne parle pas des rugosités que prennent les feuilles, ni de la manière particulière dont les tiges se replient en se séchant, nous croyons celle-ci différente.

L'*hypnum compositum*, Linn. ed. Gmel. pag. 1345, décrit par Swarts, nov. plant. gen. et sp. p. 141, qui est aussi à *calyptris pilosis*, ne semble pas pouvoir être le nôtre, parce qu'il a les tiges et les rameaux pinnés, épars, et est placé dans la division des *hypnes* à tiges arrondies.

On peut dire la même chose de l'*hypnum polytrichoïdes* qui a le capuchon velu, mais les tiges ne sont pas rondes.

(6) Cette mousse diffère de la variété *α* de l'*hypnum complanatum*, en ce qu'elle a les péduncules placés à l'insertion des rameaux.

(7) *Lonicera caprifolium, floribus verticillatis, terminalibus, ringentibus, sessilibns, foliis deciduis, summis connato-perfoliatis.* Linn. edit. Gmel. *Loncicera caprifolium, floribus verticillatis terminalibus, ringentibus, sessilibus, foliis deciduis, glabris, oppositis, summis connato-perfoliatis, inferioribus petiolis tantum connatis* (Nobis).

La plante est de couleur vert de mer. Ses tiges

sont foibles, et ne se soutiennent pas d'elles-mêmes? Les fleurs sont d'un blanc-jaune à l'ouverture, et rouges dans le tube. Les feuilles ont la côte et les nervures rouges. Celles qui sont sous les verticilles et qui font l'office de bractées, sont rondes, concaves ; les autres sont alongées et ovales. Les verticilles sont composées de six fleurs. Elle fleurit dans les premiers jours d'avril.

CHAPITRE XII.

Voyage de S.ª Fiora *au sommet du* Montamiata.

LE temps qui avoit été pluvieux dans les jours précédens, nous avoit empêché de monter à la cime de la montagne du côté de *Castel del piano*. La même raison ne nous avoit pas permis d'exécuter ce projet, lorsque nous étions à *Arcidosso*. Mais le ciel étant devenu serein pendant la nuit au moyen du vent du nord qui s'éleva, nous nous levâmes le 20 de grand matin, et nous partîmes vers les quatre heures pour la montagne, accompagnés d'un guide qui se vantoit beaucoup de connoître le terrain.

Nous commençâmes donc à monter du côté de la région des châtaigniers. Elle étoit assurément très-belle et très-agréable ; mais le vent du nord étoit si froid, qu'il ne nous permit guère d'en goûter l'agrément. Nous eûmes beau nous envelopper de nos manteaux, cela ne nous empêcha pas de grelotter et de nous transir. Cependant le thermomètre exposé à l'air libre ne marqua jamais plus de six degrés au-dessus de zéro ; tant il est vrai que le corps humain accoutumé aux chaleurs de l'été, devient infiniment sensible à un froid qui pendant l'hiver ne lui feroit pas grande impression.

A environ deux milles et demi de *St. Fiora*, dans un lieu appelé *il Salto del Capriolo*, rempli de précipices et de rochers fort élevés de *peperino*, nous commençâmes à voir diminuer les châtaigniers, jusques à un lieu appelé *Lumaca*, où ils cessèrent tout-à-fait. Là commencent les hêtres, au milieu desquels on voit plusieurs pièces de terre ensemencées. Les gens de campagne ont coutume de brûler dans ces forêts les bruyères qui y sont très-fréquentes ; ils coupent et enlèvent les jeunes hêtres, ainsi que ceux qui sont de grandeur moyenne, et parviennent par-là à défricher quelques parties de terrain, comme je l'ai dit ci-devant, pour y semer du seigle qui réussit admirablement bien sur ces montagnes.

En continuant de monter, nous vîmes la terre couverte de fraisiers; les uns en fleur, les autres portant des fraises encore vertes, et d'autres chargés de fruits mûrs. Leur couleur et leur parfum invitoient à les cueillir, mais le froid nous rendit insensibles à cette agréable rencontre ; aucun de nous n'eut le courage de se baisser une seule fois pour prendre une fraise; nous les foulâmes aux pieds, et nous nous hâtâmes d'aller en avant.

Enfin, après avoir grimpé par un sentier extrêmement rude et escarpé, nous arrivâmes à une prairie parfaitement nette, environnée de toute part par des hêtres, et appelée dans le pays *il prato della Contessa :* Mais notre guide ne nous donna guère le temps de jouir de l'aménité de ce site. Jusques-là il n'avoit cessé de nous vanter l'expérience et la connoissance qu'il avoit de ces lieux, mais il commença à hésiter sur le chemin qu'il nous feroit prendre. Alors nous lui demandâmes positivement s'il savoit avec certitude le chemin qui conduit à la cime de la montagne : voilà bien un sentier, nous dit-il, qui pourroit être le bon, mais je ne jurerois pas qu'au lieu de nous conduire à la haute montagne, il ne nous menât au *Vivo* ou à l'abbaye, ou bien qu'il ne nous égarât de plus en plus. On imaginera sans peine quels furent notre embarras et notre perplexité ; et combien nous réprimandâmes notre brave conducteur de s'être si fort vanté de savoir les chemins par le désir de gagner quelque chose avec nous, et de nous avoir trompés et exposés pour un si mince intérêt : Craignant peut-être une sortie un peu trop énergique de notre part, dans un lieu où le bois ne manquoit pas, il s'efforça de nous encourager par d'assez mauvaises raisons; et avec toute la douceur d'un homme qui a tort et qui craint en même temps, il prétendoit nous déterminer à nous aventurer dans le chemin douteux qu'il nous indiquoit. Mais comme nous ne voulions pas, pour lui plaire, nous retrouver vers le soir au point où nous en étions huit jours auparavant, nous commençâmes à appeler du côté où nous avions cru entendre la clochette de quelque troupeau. Effectivement, un petit berger nous répondit et vint éclaircir nos doutes, assurant qu'il avoit été maintes et maintes fois sur la cime de la montagne, dont il connoissoit tous les sentiers. Il étoit d'une petite ferme voisine de *Castel del piano*, et alloit parcourant la montagne, pour y chercher un bœuf qui s'y étoit égaré depuis quelques jours. Comme il ne vouloit pas, par

la crainte qu'il avoit de son père, abandonner la recherche de son bœuf, il nous
fallut employer beaucoup de promesses
pour l'engager à venir nous accompagner
sur la haute cime. Enfin, il se détermina
à nous suivre. Par bonheur, comme j'allois
en avant, je découvris un bœuf qui pais-
soit paisiblement ; je le fis voir à notre
nouveau conducteur qui le reconnut pour
celui qu'il cherchoit. Le jeune berger , persuadé que ce paisible animal ne songeroit
pas à s'écarter de ce pâturage, et sûr de
retrouver le déserteur au même poste ,
contiuua de nous accompagner avec beaucoup de joie et d'empressement.

Cependant notre autre guide , humilié
de ce que nous ne le consultions plus ,
nous suivoit avec un air boudeur persuadé
peut-être que nous lui faisions une grande
injustice de ne vouloir plus nous égarer
sous sa direction. Il étoit tellement jaloux
de ce simple berger qu'il voyoit joyeux
et content , qu'il ne voulut jamais lui
adresser la parole ; et plus nous en riions,
plus il enrageoit sous cape.

Cependant notre jeune guide, en nous précédant avec gaieté, nous conduisit par le chemin le plus court; il est vrai qu'il étoit fort difficile, à cause des roches de *peperino* écroulées, et par les troncs de vieux arbres tombés à terre, qui souvent nous fermoient presque le passage; mais ces difficultés n'étoient pas assez grandes pour nous faire rétrograder.

Peu après avoir laissé le *Prato della Contessa*, nous fûmes obligés de descendre de cheval; de manière que nous pûmes nous occuper plus commodément des objets qui se trouvoient sur le chemin et dans les alentours. Par ce moyen-là, nous nous formâmes une plus juste idée de la structure de la montagne. Nous la considérâmes de près, et dans des perspectives éloignées. Nous l'observâmes de divers points, toutes les fois que des roches plus élevées sur lesquelles nous grimpions à quelque prix que ce fût, nous le permettoient, ou que quelque clairière parmi les arbres nous donnoit la faculté d'étendre notre vue plus loin. Enfin, graces aux soins de notre berger, un peu après neuf heures, c'est-à-dire après environ cinq heures de marche et de quelques légères stations, nous arrivâmes à la cime la plus élevée du *Montamiata* du côté du couchant, qui est le moins embarrassé et le plus accessible.

Le sommet du *Montamiata* consiste en une esplanade oblongue qui peut avoir environ trente-six pieds dans sa plus grande largeur, sur cent vingt de longueur (*).

L'herbe y croît, mais il y a si peu de terre, qu'on voit par-ci par-là paroître le *peperino*. Du côté du couchant, on voit s'élever sur cette plate-forme un groupe considérable de rochers de *peperino* rougeâtres et absolument nus. Ils peuvent

______

(*) Ferber, dans ses Lettres minéralogiques sur l'Italie, assure que le sommet du *Montamiata* est un cratère concave de volcan. L'erreur de ce savant fait voir combien on est facilement trompé par les relations des autres, et combien on doit s'en défier lorsque l'on ne peut ou que l'on ne veut pas voir les objets de ses propres yeux.

avoir vingt pieds d'élévation, c'est le point le plus élevé de la montagne. On appelle ce rocher le *sasso* de *Maremma*; peut-être est-ce parce que, lorsque l'on est monté au haut, l'on y découvre mieux la *Maremma* que de tout autre point.

Le *peperino*, dans ces grandes élévations, est plus rouge, plus rude, et plus dur qu'ailleurs. Plus nous avancions vers la cime, plus les quartiers de cette pierre paroissoient nus, accumulés et ruinés de tous côtés. Ces roches culbutées les unes sur les autres, le désordre et la confusion de tant de ruines antiques et modernes, présentoient, du sommet de la montagne, un spectacle tout à la fois horrible et majestueux.

Cependant les hêtres couvrent et couronnent cette montagne jusqu'à sa plus grande hauteur. Ils insinuent leurs racines dans les interstices des roches de *peperino*, ôtent à ce terrain tout le hideux que ces mêmes roches présenteroient si elles étoient découvertes, et en rendent l'accès moins

difficile. Ainsi, ils succèdent immédiatement à la région des châtaigniers, garnissent tous les côtés plus élevés de la
montagne, et contribuent, en grande
partie, à rendre le *Montamiata* majestueux
et beau quand on le regarde de loin.

Les curieux qui montent jusqu'à cette
hauteur, ont coutume de graver leur
nom sur l'écorce de ces hêtres. Ces inci-
sions pénètrent jusqu'au bois de l'arbre,
et se cicatrisent bientôt; de manière que
les lettres peuvent très-bien se distinguer
pendant quelques années : mais ensuite,
par l'accroissement de l'arbre, l'écorce se
dilate, les caractères s'élargissent, se dé-
figurent, et finissent par n'être plus re-
connoissables. Comme la gloire d'avoir
surmonté la difficulté qu'il y a d'arriver
à la cime de cette montagne n'est pas
fort grande, de même le souvenir en est
fort court; et c'est en vain qu'on pré-
tendroit perpétuer son nom par ce moyen.
En effet, j'avois gravé mon nom sur
l'un de ces hêtres en 1788, lorsque je

vins visiter cette montagne. Je cherchai
beaucoup cet arbre, mais ce fut en vain ;
le monument avoit été détruit. Il avoit sans
doute servi, peu de jours auparavant, à
allumer le grand feu de joie que les
habitans de l'abbaye ont coutume de
faire chaque année dans la soirée du
14 août sur le sommet du *Montamiata.*
Ce feu se voit non-seulement de Sienne
et de toute la province Siennoise, mais
encore de pays beaucoup plus éloignés.
C'est un tribut d'hommage qu'ont impo-
sé les Siennois aux habitans de l'abbaye
St. Salvadore dès le temps où ils étoient
en République, à l'occasion de la fête
de l'Assomption qui est la plus solem-
nelle de la ville de Sienne, et en conséquence de la possession de la haute montagne que la République avoit accordé
de préférence sur les habitans de *Castel
del piano.*

J'étois monté l'année précédente sur
la cime de cette montagne du côté de
l'abbaye où le chemin est plus court

mais beaucoup plus escarpé, plus difficile et plus embarrassé. Nous avions été obligés de laisser nos chevaux sous les hêtres, et au moment que nous continuions de gravir, nous fûmes tout-à-coup environnés d'un brouillard épais. Notre guide, beaucoup plus experimenté que celui de l'autre année, nous fit tourner à travers les hêtres et les roches de *peperino* du côté de l'ouest, et nous conduisit très-promptement au sommet. Nous nous étions promis de découvrir de là une vaste étendue de pays, mais nous fûmes trompés. Ce brouillard importun s'étoit étendu de tous côtés sous nos pieds, et nous voiloit absolument la terre. Nous ne voyions se développer fort loin au-dessous de nous, qu'une atmosphère pleine de nuages, qui, frappés de distance en distance par les rayons du soleil, imitoient les ondes de la mer; et lorsque la terre venoit à paroître de temps en temps, lorsque les nuages laissoient quelqu'intervalle entr'eux,

O

il nous sembloit voir autant d'écueils, de promontoires et d'isles.

Ce spectacle étoit vraiment magnifique, et l'illusion étoit parfaite et merveilleuse. Nous eussions désiré qu'il se fût formé quelqu'orage sous nos pieds, comme il arrive souvent en été, pour avoir le plaisir d'être élevés au-dessus de la région des nuées et du tonnerre; mais notre mer étoit pacifique : elle se maintint dans cet état, et ne servit cette fois qu'à dérober à nos yeux la terre et la Méditerranée que nous eussions dû découvrir au midi de la montagne.

Mais nous ne fûmes pas si malheureux à ce second voyage. Le ciel étoit serein, et le spectacle fut magnifique. Nous voyions au midi la Méditerranée, la Sardaigne, la Corse, l'isle d'Elbe, et autres isles adjacentes. Du côté du nord, nous découvrions la chaîne des Apennins depuis les montagnes de l'état de Gênes, jusqu'à l'extrémité de l'Italie dans le royaume de Naples. Entre les Apennins et la mer, la Toscane supérieure, l'Ombrie, le patrimoine de St. Pierre, la campagne de Rome, les Maremmes Toscanes et Papales; enfin, tout le pays en deçà de l'Apennin.

Nous ne pouvions nous résoudre à quitter une si belle perspective, cependant l'appétit qui avoit été vivement augmenté par le froid du matin et par l'air vif qui régnoit sur cette hauteur, et le besoin de repos après une montée si longue et si fatigante, nous décidèrent à nous asseoir sur l'herbe, et à y déjeûner.

Je n'oubliai cependant pas de tirer mon thermomètre de son étui; et je l'appuiai contre une petite pierre à côté de moi sur l'esplanade, afin d'y comparer le grand froid que nous avions éprouvé le matin, avec la température modérée de cette élévation.

Quand la faim fut appaisée, je recommencai à repaître mes regards et mon imagination du tableau magnifique que nous avions sous les yeux. Elevé à cette hauteur, affranchi de toute espèce de sujétion et de tous égards, loin des soucis et

des misères humaines, libre, indépendant ;
enivré par une imagination écha...rée ,
il me sembloit fouler aux pieds la terre
et la mer ; je croyois planer au-dessus de
tout le genre humain. Tout-à-coup le
jeune berger, en voulant se lever, porta
mal-adroitement le pied sur mon thermomètre chéri; le bruit qu'il fit en le brisant,
réveilla mon esprit absorbé dans ces belles
visions , et tout mon bonheur disparut
à l'instant.

Je me lève sur le champ en colère ;
le berger épouvanté, se sauve en sautant
comme un chevreuil à travers les arbres
et les rochers. Je frémis aussitôt des dangers
auxquels il s'exposoit; je l'appellai, l'invi-
tant de la manière la plus pressante, à se
rassurer et à revenir à nous : mes cris
furent inutiles, il disparut. J'eus donc
ainsi le double regret d'avoir perdu
mon thermomètre excellent, et de ne
pouvoir récompenser ce pauvre enfant
qui nous avoit délivré de si bonne grace
du labyrinthe où nous étions engagés , et

qui nous avoit tiré des mains de notre guide mal-adroit.

La colère que la vivacité de cet air provoque promptement et appaise de même, se dissipa comme un éclair.

Après avoir détaché à grands coups de marteau divers morceaux de *peperino*, et noté ou recueilli diverses plantes, nous commençâmes à descendre par le sentier que nous avions examiné avec attention, laissant à notre guide fort humilié le soin de faire l'arrière-garde avec nos chevaux.

Quand nous fûmes arrivés à l'endroit où nous avions laissé le bœuf déserteur, nous le cherchâmes en vain. Vraisemblablement le jeune berger, craignant toujours que dans ma colère je ne l'eusse poursuivi, avoit repris son bœuf et s'étoit enfui lestement. C'est ce que nous confirma un autre berger qui se trouva dans les environs. Cette assurance nous tranquillisa, car je craignois toujours que ce malheureux enfant n'eût fait en fuyant quelque chûte dangereuse ; et jamais, je l'avoue, la colère ne m'a donné tant de regret.

En descendant du haut de la montagne, entre *S.ª Fiora* et *Castel del piano*, nous trouvâmes une vaste vallée, ou profondeur bordée par le *Montamiata*, proprement dit, par la *Montagnola* de *S.ª Fiora* et par le *Piaggione* dont nous avons parlé. Cette vaste vallée se nomme *la valle d'inferno*, (la vallée d'enfer.) Elle fut peut-être autrefois, comme semble l'indiquer son antique dénomination, un grand cratère volcanique dont les bords ou la crête étoient continus, et l'environnoient exactement tout autour.

Il peut se faire que la force des éruptions, celle des tremblemens de terre qui les accompagnent, et les ruines de la vétusté aient détruit en grande partie, cette espèce de crête, et n'aient laissé subsiter que les hauteurs qui dominent aujourd'hui la vallée d'enfer.

Plus nous avons examiné attentivement ce grand espace, plus nous nous sommes confirmés dans l'idée qu'il devoit avoir été autrefois le plus grand cratère du volcan éteint.

Cependant le désir de découvrir positivement la véritable bouche du volcan, n'étoit pas le seul motif qui nous faisoit faire de temps en temps des pauses dans ce vaste vallon ; nous y étions encore invités par le parfum et par la délicatesse des fraises et des framboises qui s'y trouvent en abondance.

Arrivés à l'extrémité de la vallée d'enfer, comme il n'étoit encore que midi, et que nous avions encore du temps à nous, nous remontâmes à main droite jusqu'au *Prato della Contessa* qui en étoit bien près.

Cette prairie oblongue et presque rectangle est couronnée tout autour d'un bois peu touffu de hêtres, qui la rafraîchissent de leur ombre. Elle étoit dans ce moment jonchée de fraises très-mûres, qui n'attendoient que la main pour les cueillir.

Après avoir débridé nos chevaux, nous

nous couchâmes sur le gazon frais, et nous y achevâmes notre repas, interrompu par l'aventure du thermomètre, en y ajoutant pour dessert les fraises que nous avions sous la main.

Puis, en considérant ce lieu de verdure, ce bois solitaire, l'heure de midi, le silence qui règnoit autour de nous, en nous voyant ainsi couchés sur l'herbe avec notre écuyer, tandis que nos chevaux paissoient paisiblement à quelques pas de là, mon imagination s'échauffa ; et dans une espèce de délire, il me sembloit à chaque instant que nous allions voir paroître sur la scène, Renaud, ou Marfise ou Mandricard, ou bien Angélique fugitive, ou tels autres héros ou héroïnes de romanciers. En effet, je n'ai jamais rencontré dans ma vie un lieu plus romanesque, et plus ressemblant aux bois enchantés de l'Arioste, que cette prairie et le bois qui l'entouroit, sur-tout à l'heure où nous nous y trouvions.

Cependant, après avoir repris le chemin qui descend à *S.ª Fiora*, le désir de voir des lieux nouveaux , et sur-tout la soif nous conduisirent à une source d'eau excellente qui se trouve dans une vallée entre ces montagnes appelées dans le pays *la fonte delle Monache* , (la fontaine des Religieuses.) Après avoir encore descendu jusqu'à la région des châtaigniers, nous prîmes un peu à main droite pour visiter *la valle dello Sprofondato*. Cette vallée fort belle, fort longue , est couverte d'herbe et plantée de gros châtaigniers : elle est bordée dans toute sa longueur, d'un côté par les penchans de la montagne, et de l'autre, par une chaîne de rochers de *peperino*. Il y arrive des montagnes supérieures une grande quantité d'eau, qui , après s'être réunie du côté où sont les rochers, se précipite sous terre et disparoît totalement. C'est ce qui a fait donner à cette vallée l'épitèthe de *sprofondato* (défoncée).

Après avoir parcouru cette vallée avec beaucoup d'attention , comme il nous restoit encore deux heures de jour, nous retournâmes en arrière par le chemin qui conduit de *Castel del piano* à *S.ª Fiora*, et en poursuivant ainsi dans la direction qui domine le bourg, nous sortîmes enfin des châtaigneraies, et nous arrivâmes à la ferme appelée *de Sandraccio*, à l'est de *S.ª Fiora*. Un peu avant d'y arriver, les *peperini* disparurent, ils finirent de ce côté en même temps que les châtaigniers. Au-dessous de la maison de cette ferme, nous trouvâmes plusieurs masses de pierre sili-ceuse; les unes à fleur de terre, les autres un peu plus saillantes. Elles sont dures, compactes, parsemées de cristaux de roche, avec des filets ou veines quartzeuses la plupart demi-transparentes. Au moment où je tâchois, à l'aide de mon gros marteau, de détacher un morceau de ces pierres sili-ceuses, je glissai et je tombai si rudement sur la pierre, que je déchirai tout mon habit, et me fis plusieurs excoriations et contusions. Je me mis à me plaindre, mais notre guide s'écria que j'étois encore trop heureux, et que j'aurois dû me rompre le bras : il fallut donc se consoler d'après le raisonnement de notre Pangloss.

Enfin, comme il ne nous restoit plus rien d'intéressant à visiter dans ce pays qui est nu et découvert, et la nuit étant sur le point de nous surprendre, nous retournâmes à *S.ᵗ Fiora*, chargés de pierres et de plantes.

Avant de terminer cette journée, j'ajouterai qu'en grimpant sur la montagne, nous observâmes sur les feuilles des hêtres une quantité de tubercules rougeâtres et lisses, ressemblant un peu aux fruits du cornouiller. Ces tubercules sont le nid ou la galle du *cynips fagi*, très-commun dans ces bois. Lorsque ces insectes sont éclos, ils volent en troupe, et forment des nuages fort incommodes pour les voyageurs, surtout pour ceux qui sont à cheval.

Minéraux recueillis sur la cime de Montamiata, *et dans les environs de* S.ª Fiora.

Morceaux de *peperino* très-durs, détachés des masses de *peperino* qui sont dans la partie la plus élevée de *Montamiata*, et spécialement de dessus la crête ou chicot appelé le *sasso di Maremma*.

Pierre silicée avec des veines stratifiées

intérieurement de quartz blanc, demi-transparens, avec des cristaux de montagne, dont quelques-unes ont la superficie de couleur de plomb. *A la ferme de Sandraccio auprès de S.ª Fiora.*

Pierre silicée, avec une grande veine de de quartz blanc, demi-diaphane, et fibreux. *Ibid.*

Pierre calcaire fleurie en-dessus de sulphures jaunes de fer cristallisées. *Dans un torrent au-dessous de S.ª Fiora.*

Plantes observées en montant à la cime de Montamiata.

Fagus sylvatica.	*Lychnis dioïca fl. rubro.*
Poa decumbens.	*Polypodium Rhæticum.*
Spergula saginoïdes.	*Cacalia alpina.*
Euphrasia officinalis.	*Prænanthes purpurea.*
Oxalis acetosella.	————— *muralis.*
Rumex acetosella.	*Mercurialis perennis.*
Polytrichum commune.	*Fragaria vesca.*
Rubus idæus.	*Hypericum montanum.*
Hypnum myosuroïdes.	*Stellaria nemorum.*
————— *gracile.*	*Aquilegia vulgaris.*
Poa compressa.	*Lichen fagineus.*
Paris quadrifolia.	

Au *prato della Contessa.*

Spergula saginoïdes.	*Valantia glabra.*
Polygala vulgaris.	*Juniperus communis.*

CHAPITRE XIII.

Voyage de *S.^a Fiora* à *Piano*.

Nous employâmes la matinée du 21 à achever de visiter les environs de *S.^a Fiora*, et à mettre en ordre et emballer nos plantes et nos minéraux, pour les envoyer à leur destinée ordinaire.

Après dîné, nous prîmes congé de nos hôtes, et conservant encore de l'humeur contre des guides mal-adroits, nous partîmes seuls pour *Piano*, qui est à environ huit milles de *S.^a Fiora*.

Les châtaigneraies que nous traversâmes sont magnifiques. On commence à y voir à environ un mille de *S.^a Fiora* un grand nombre de maisons isolées, et séparées les unes des autres pendant l'espace de plus d'un mille. Elles sont toutes habitées par des gens de campagne, et forment un ensemble que l'on nomme *Bagnola*, dont la population peut aller à environ huit cents ames. Chaque famille de ce hameau a son habitation en propre, sa châtaigneraie, souvent un petit champ à bled, et un peu de bétail. Ils sont pauvres, mais ils sont indépendans des riches ; et comme ils vivent frugalement, ils sont très-contens de mener cette vie rustique et simple : de manière qu'au milieu de leur pauvreté, ils se trouvent encore riches et heureux. S'il y a dans une même famille plusieurs garçons ; s'il y en a plus d'un d'entr'eux qui veuille se marier ; comme la petitesse de la maison ne pourroit comporter tant de monde, ils sont obligés de se diviser. Le couple nouveau se bâtit une habitation nouvelle ; on divise la châtaigneraie et le champ labourable s'il le faut, ou bien ces possessions restent indivises, et on se partage les fruits en commun.

Il ne manquoit qu'une chose à leur félicité, c'étoit une église, parce qu'ils n'en avoient pas de plus voisine que

S.ª *Fiora* qui est leur paroisse. Cette distance étoit fort incommode pour la majeure partie d'entr'eux, sur-tout en hiver. Mais *Pierre Leopold*, touché de leurs justes prières, avoit déjà donné ordre d'y bâtir une église paroissiale et un presbytère. La nouvelle église étoit déjà élevée à quelques pieds de terre, les *Bagnolois* eux-mêmes y travailloient alors avec beaucoup d'empressement et de zèle, en bénissant l'auteur de cette nouvelle commodité.

Au reste, les *Bagnolois*, contens de leur existence, ont peu besoin de communiquer avec les habitans des bourgs voisins, et encore moins avec ceux des villes.

C'est ce qui fait qu'avec un grand esprit de famille, ils ont conservé cette honnêteté antique, simple et désintéressée que l'on remarque eu eux au premier abord, et qui cause une impression extrêmement agréable à un étranger. Par exemple, nous fûmes infiniment touchés de la bonté ingénue et de l'amitié d'un bon vieux paysan nommé *Pisello*, émouleur de l'endroit. Nous lui avions demandé des renseignemens sur la route que nous devions tenir ; ce brave homme, non content de nous l'indiquer, craignit que nous ne nous trompassions à un certain détour, et voulut absolument venir nous la montrer lui-même. Il nous entretint, chemin faisant, de propos gais, simples et précis sur le pays, sur ce qui concerne la vie privée et les usages des *Bagnolois*, et autres choses semblables : de manière qu'il nous donna de nouveaux renseignemens sur ce hameau, et confirma ceux que nous nous étions déjà procurés d'ailleurs. Il ne nous fut jamais possible de lui faire accepter le moindre gage de notre reconnoissance ; nous le priâmes, nous fîmes les plus sincères instances ; tout fut inutile, il ne voulut jamais rien recevoir.

En poursuivant notre route vers *Piano*, nous quittâmes enfin les châtaigneraies,

et

et nous nous trouvâmes dans un pays de champs et de pâtures, mais dépouillé d'arbres ; aspect bien triste au moment où l'on quitte des lieux boisés et plantés de châtaigniers touffus. Cette contrée, en outre, offrit peu d'objets à nos recherches, mais en approchant de *Piano*, les châtaigniers reparurent, et nous accompagnèrent jusqu'au bourg, où nous arrivâmes à la nuit. Nous descendîmes chez M. l'abbé *Joseph Pieri*, qui nous accueillit avec toute la cordialité et toute l'attention d'un ami.

Minéraux recueillis entre S.ᵃ Fiora *et* Piano.

Lait de lune. *A Bagnolo, entre S.ᵃ Fiora. et Piano.*

Croûte extérieure de *peperino* tombant en décomposition, et qui vraisemblablement produit le lait de lune. *Ibid.*

P

CHAPITRE XIV.

Piano *et ses environs.*

PIANO que l'on nomme encore *Pian-castagnajo*, est un bourg qui renferme environ deux mille ames. Il est situé précisément à l'extrémité de la plaine où sont les châtaigniers, et au commencement de la côte ; aussi est-il escarpé et mal bâti. L'ancien château et les restes d'une vieille forteresse sont seuls construits dans la plaine au-dessus du bourg. Là, est une porte qui conduit par un chemin uni aux Cordeliers; ils ont à un quart de mille du village une église fort jolie et bien tenue, avec un couvent qui n'est pas grand, à la vérité, mais qui est commode et très-propre. Il fut fondé en 1278 par les comtes *Orsini* de *Piti-gliano*, qui, entr'autres seigneuries, ont encore possédé celle de *Piano*. Il n'y a rien de remarquable dans le bourg, que le palais du marquis *Bourbon del monte de Florence*, autrefois féodal de *Piano*. Ce palais est beaucoup trop magnifique, par rapport à cet endroit. Ce fief supprimé, est aujourd'hui reduit en *Potesteria*, et relève pour le criminel du vicariat de *Radicofani*.

Du côté du midi, on voit au-dessous de ce bourg des ruines d'édifices, de fontaines, de décorations, des morceaux de statues, et un grand bassin de *peperino* tout d'une pièce, seuls restes des jardins de plaisance des comtes *Orsini*, situés autrefois dans cet endroit. On l'appeloit *Belvedere*, et ce nom lui reste encore aujourd'hui, quoiqu'il soit ruiné, détruit, et qu'il soit devenu un vrai repaire de serpens.

On est tenté de rire de l'idée extraordinaire que l'on a eue de construire ce jardin et ce bourg sur une côte escarpée et difficile, tandis qu'un peu plus haut, le terrain se change en une belle plaine, où il eût été beaucoup plus facile et plus commode de bâtir. Mais comme il se trouve en-dessous diverses sources d'une eau très-limpide dont la plaine supérieure manque absolument, on juge aisément que les anciens fondateurs cherchèrent à construire leurs habitations à la portée des eaux que l'on voit encore aujourd'hui jaillir en divers endroits au-delà des portes au-dessous du bourg.

On voit plusieurs autres sources au-dessous de la plaine, et de la grande chaîne de hautes roches de *peperino*, qui lui sert de limite. La suite de ces roches part de l'église du Crucifix, du côté de l'ouest, à deux milles de *Piano*, et vient former un angle droit dans ce bourg, où elle se fait encore appercevoir de temps en temps par quelques roches plus élevées et isolées; puis elle tourne vers le nord, et en formant des élévations très-grandes et fort escarpées, elle s'étend jusques auprès de l'abbaye de *S. Salvadore*.

Cette chaîne forme dans ces contrées précisément les limites des *peperino*, car au-dessous on n'en trouve plus que quelques quartiers isolés et ruinés qui sont croulés du haut des roches supérieures. Au lieu de *peperino*, on ne voit dans le bas que des schistes, des pierres calcaires, et quelquefois des morceaux de pierre silicée, jaspée de diverses couleurs, telles que j'en trouvai spécialement le long du torrent *Indovina*.

Auprès de ce torrent, au-dessous du couvent des Cordeliers, on trouve une terre d'un jaune de rouille, avec un grand nombre de veines brunes. On la tire par mottes un peu tenaces, qui prennent plus de consistance quand elles ont été desséchées à l'air. Sa structure paroît lamelleuse, et sa composition ressemble à celle de la terre bolaire jaune de *Castel del Piano*. Mais le fer y est en plus grande abondance, et est dissoluble dans les acides, sans aucune autre préparation préliminaire. Si on calcine cette terre au

feu, de jaune elle devient d'un rouge
obscur permanent : alors l'aimant qui
n'avoit auparavant aucune action sur elle,
en attire quelques parcelles.

Le 22, nous nous mîmes à visiter exactement le pays d'alentour. Nous commençâmes par traverser de superbes châtaigneraies ; leur beauté, sur-tout près
de la *Madonna de S. Pietro*, la propreté
du sol, l'ombrage et le vert clair des
feuillages rendent ces plaines délicieuses,
sur-tout pendant les chaleurs brûlantes de
l'été.

Dans ces châtaigneraies au-delà de
l'église de la *Madonna de S. Pietro*,
on trouve en creusant une espèce de terre
d'un blanc sale, onctueuse au toucher,
lamelleuse, et quelquefois tachetée de
jaune ; elle ne fait point effervescence
avec les acides ; elle ne se mêle point
avec l'eau où elle mousse comme le
savon. On s'en sert pour nettoyer les
draps dans les fouleries ; c'est pour cela
qu'on l'appelle *terra di purgo*, c'est-à-dire

terre à foulon. Comme elle devient plus blanche en séchant, elle est très-recherchée par les peintres, pour blanchir les murs, les voûtes et les lambris, et les rendre plus propres à recevoir la peinture, ou pour la mêler avec les couleurs, et les rendre plus claires et plus brillantes. Elle est à très-bon marché dans ce pays, mais ceux qui la débitent dans les villes, même peu éloignées, la vendent assez cher à ceux qui ignorent le lieu d'où on la tire. Nous descendîmes ensuite à main gauche, au-dessous des rochers de *peperino*, où les sources multipliées d'une eau limpide rendent le terrain extrêmement frais, et entretiennent une verdure continuelle.

Dans quelques-uns des ruisseaux qui découlent de ces fontaines, on pêche d'excellentes écrevisses ; nous en vîmes, et nous en pêchâmes nous-mêmes. Ces eaux réunies dans un canal, forment un volume d'eau qui est d'une grande utilité pour les habitans du pays ; elles font, entr'autres, mouvoir les moulins à farine, la poudrière et la foulerie ou moulin à foulon qui se trouvent auprès de *Piano*. On se sert précisément dans cette foulerie de la terre *di purgo* dont nous venons de parler. On y voit une grande cuve sur laquelle portent plusieurs gros marteaux de bois. Une grande roue extérieure dont l'essieu est un gros cylindre dentelé, est mise en mouvement par la chûte de l'eau; en tournant, elle accroche et abaisse successivement les extrémités des marteaux placés en forme de bascule, et forçant par ce moyen leur extrémité opposée à s'élever, les laisse retomber, et les relève alternativement dans la cuve. On met donc les draps dans la cuve après les avoir bien mouillés auparavant, et on les laisse comprimer et battre par ces marteaux mis en mouvement; on jette ensuite dessus de la poudre de *terra de purgo*, en y faisant en même temps tomber de l'eau goutte à goutte pour les entretenir humectés, et pour que les marteaux en frappant étendent et incorporent plus facilement cette terre dans les draps. Quand cette terre a été suffisamment étendue et incorporée, et que l'on voit que les draps sont assez dégraissés, on verse dessus une grande quantité d'eau pour les laver, pour en enlever toute la terre et les taches, alors ils sont en état, et leur préparation est terminée.

Une des principales branches d'industrie des *Pianois*, est la fabrication des barils, des baquets et d'autres semblables vaisseaux qu'ils font avec le bois de hêtre et de châtaignier. Ces ouvrages transportés dans toute la province de Sienne où ils ont un débit assuré, produisent annuellement aux *Pianois* une assez bonne somme d'argent. Ils font encore avec le bois de hêtre des pelles et des manches de bêche, et ils font de la glu avec le gui des châtaigniers, comme il se pratique en d'autres endroits de la montagne.

Nous allâmes visiter un châtaignier extraordinaire, situé un peu au-dessus d'un lieu nommé le *Cerro del Tascā*, à deux milles au nord de *Piano*. Son aspect nous étonna, et nous fûmes charmés d'avoir fait ce trajet pour le voir. Cet arbre doit avoir au moins trois siècles d'ancienneté. Son pied est absolument vide ; il a deux ouvertures, par chacune desquelles deux personnes de front peuvent entrer très-facilement. Nous en mesurâmes exactement le diamètre intérieur et la circonférence extérieure. Son diamètre intérieur, pris dans la plus grande largeur du vide, est de presque vingt pieds, et sa circonférence est de soixante dix-huit pieds, proportion extraordinaire et presque incroyable, qui fait regarder cet arbre comme le géant de tous les châtaigniers de la montagne. L'imagination remplie de sa majestueuse grandeur, nous retournâmes à notre gîte pour nous reposer.

Minéraux recueillis aux environs de Piano.

Jaspe rouge avec de petites taches blanches. *Dans le torrent Indovina, au-dessous de Piano.*

Pierre calcaire rougeâtre avec des veines spatheuses linéaires qui se croisent en différens sens. *Dans les champs, au-dessous du monastère des Conventuels de Piano.*

Idem, avec un plus grand nombre de lignes spatheuses. *Au-dessous de l'église de St. Pierre de Piano.*

Peperino rougeâtre, très-friable. *Dans le torrent Indovina.*

Peperino avec des colatures vitreuses, indiquant qu'il a été attaqué par le feu, et à demi-fondu à la surface. *Au-dessous du monastère des Religieux de Piano.*

Peperino très-chargé de feld-spaths blancs. *Entre Piano et l'abbaye de St.-Salvadore.*

Peperino très-friable, et en grande partie décomposé. *Ibid.*

Peperino partie noir et partie blanc. *Auprès du torrent Indovina.*

Peperino blanc dans lequel est enchâssée une *anima di sasso nero*, ou ame de roche noire. *Sous le couvent des Reli-gieux de Piano.*

Peperino noir. *Dans le torrent Indovina.*

Peperino brun. *Ibid.*

Terre argileuse blanche à foulon. *Au-delà de l'église de la Madonna di S. Pietro.*

Terre jaune martiale, qui devient rouge au feu. *Au-dessous du couvent des Reli-gieux de Piano.*

Sable provenant du *peperino* en décompo-sition, chargé de cristaux blancs et transparens de feld-spath. *Dans les ruisseaux parmi les peperino, au-dessus de Piano.*

Idem, plus abondant en cristaux. *Dans les ruisseaux au-dessous des sources d'eau au-dessous de la Madonna di S. Pietro.*

Plantes observées à Pian Castagnajo, à l'origine des eaux.

Hypnum parietinum. Lichen amplissimus. Sco-
Angelica sylvestris. poli.

Dans la châtaigneraie de la *Madonna di S. Pietro.*

Linum catharticum. Lichen pyxidatus.
Lichen cocciferus. Turritis hirsuta.

Hypnum complanatum. α   *Jungermannia quinqueden-*
Lichen physodes.   *tata.*
Cardamine hirsuta (1).

---

(1) Cardamine hirsuta *foliis pinnatis , floribus te-*
          trandris. Linn. sp. plant.
———————— *floribus interdùm tetrandris.*
          Linn. edit. Gmel.
———————— *foliis pinnatis , pinnis radi-*
          calibus subrotundis , cauli-
          nis lanceolatis , petiolis in-
          fernè ciliatis. (Nobis)

Elle fleurit depuis la fin de l'hiver jusqu'à la fin
de l'été. Elle varie beaucoup en grandeur ; il y en
a de hautes depuis quatre jusqu'à huit et dix pouces ,
et même jusqu'à un pied. La tige est simple pour le
plus souvent , mais elle est quelquefois rameuse. Les
folioles des pinnes radicales sont rondes et subtrilo-
bées , et quelquefois simples. Elles sont toutes à trois
ou à quatre paires , et celle qui est impaire est toujours
plus grande. Elles sont velues dans le disque et aux
bords, et plus visiblement encore à l'extrémité du
pétiole. Les pétales sont blancs , étroits , arrondis
à l'extrémité , et plus longs du double que les feuilles
du calice. Les étamines sont au nombre de 4, de 5
ou de 6. La silique qui est linéaire , est longue environ
d'un pouce. Les valves sont convexes et rougeâtres
quand elles sont mûres. La cloison est plus large
que les valves ; elle est verte aux bords , et terminée
par le style. Les semences sont rondes , comprimées,

jaunâtres, et les valves en se renversant les lancent au loin avec force.

La tige est glabre, anguleuse, verte dans les jeunes plantes, et rouge quand elle est arrivée à sa perfection. Outre la figure qu'en a donné *Curtis* dans sa Flore de Londres, on en voit deux autres médiocres dans la *Flora Carniolaca* de *Scopoli*, et dans Barrelier, pl. 455.

CHAPITRE XV.

Voyage à Pigelleto.

Nous avions remarqué de *Piano* une belle forêt de sapins à environ deux milles de là, connue sous le nom de *Pigelleto*. Nous nous décidâmes à aller le 23 la visiter de plus près.

Nous commençâmes donc à descendre de grand matin par les côteaux qui sont au-dessous de *Belvedere*, et qu'on nomme les *Poggi rossi*. On n'y trouve plus de *peperino*, à l'exception de quelques quartiers détachés et isolés qui seront probablement écroulés du haut des roches supérieures dont nous avons parlé, et qui ont roulé dans ces endroits. C'est ainsi que l'on en voit de temps en temps jusques au torrent *Senna*, qui coule au bas du mont sur lequel *Piano* est bâti.

· Les pierres qui forment le noyau des *Poggi rossi*, sont les coltellines calcaires dont nous avons déjà tant parlé. Les côteaux sont dépouillés et arides. Comme ils sont exposés au midi et à l'abri du nord, il semble que l'on pourroit très-bien y cultiver de la vigne. J'ai demandé plusieurs fois pourquoi les habitans de *Piano* n'y en ont pas planté au lieu de les avoir si loin dans la plaine qui est en-dessous, où l'on ne peut communiquer qu'après avoir franchi environ trois milles d'une pente fort escarpée; mais on ne m'a jamais donné de réponse satisfaisante. Il est certain cependant qu'ils auroient de meilleur vin, et que le travail de la culture seroit bien moins pénible. Peut-être que quelque jour l'exemple de quelque cultivateur aisé du pays produira cette amélioration dans les idées et dans l'industrie des *Pianois*.

Quand on a passé le torrent *Senna*, on commence à monter sur les côtes de *Cornazzano* qui font la partie opposée au revers qui est entre *Piano* et *Pigelleto*. Depuis ce point, nous avons constamment rencontré la pierre coltelline, la pierre calcaire solide, et ensuite le grès grenu totalement semblable à celui que nous avions remarqué dans d'autres lieux de notre voyage.

Nous entrâmes ensuite dans un bois de cerres, de charmes, de hêtres, et nous nous acheminâmes vers l'une des deux élévations que l'on voit même de loin dans le *Pigelleto*, et dont l'une s'appelle le *Roccone*, et l'autre la *Roccaccia*. Parmi les arbres ci-dessus désignés, on voit un grand nombre de sapins. Comme dans le pays on appelle ces arbres *Pigelli*, cela a fait donner au lieu qui en est planté le nom de *Pigelleto*. La pierre, qu'on trouve plus fréquemment dans ce bois, est le grès

jaune

jaune sale. Nous visitâmes d'abord le *Roc-cone* qui est à l'est du *Pigelleto*. Nous y trouvâmes un mur circulaire qui étoit tombé en ruine jusqu'à fleur de terre, reste d'une ancienne forteresse. Au milieu de cette enceinte, et dans sa partie la plus élevée, se trouvent les ruines d'une tour ou d'un fort quarré d'environ trente pieds de large. Le côté septentrional de cette roche antique est un rocher de grès perpendiculaire et inaccessible. On voit souvent venir en ce lieu les chercheurs de trésors, pratiquer leurs opérations superstitieuses et leurs prestiges. Ils s'attachent sur-tout à creuser en dedans et en dehors de la tour ruinée. On croiroit que le peu de succès de ces travaux devroit décourager ceux qui viennent après les premiers. Tout au contraire, ces chercheurs reparoissent de temps en temps, soit qu'ils se croient, de bonne foi, plus adroits et plus éclairés que leurs prédécesseurs, ou bien que ces fourbes trouvent de temps en temps

quelques hommes simples qui servent
d'appât à leur friponnerie.

En suivant la crête de la montagne,
nous allâmes à l'autre élévation occidentale, appelée, comme j'ai dit, la *Roccaccia*. Il y avoit également autrefois une
forteresse dans cet endroit, mais on n'en
voit plus que quelques vestiges. Ces anciens forts ont fait appeler ces deux endroits *Roccone* et *Roccaccia*. Ils étoient
en bon état dans les premiers siècles après
l'an mille, et on prétend qu'ils résistèrent
long-temps à l'armée de Frédéric Bar-
berousse ; mais il les prit enfin, et les
détruisit entièrement.

Une source d'une eau excellente située
précisément au-dessous de la *Roccaccia*,
nous invita à y prendre notre rafraîchisse-
ment. Mais un orage accompagné de pluie
et de tonnerre vint troubler notre ban-
quet, et nous obligea à nous aller réfugier sous des sapins. Ces arbres nous
garantirent bien peu de la pluie, et par
leur grande élévation, ne nous laissèrent

pas trop tranquilles, eu égard aux ton-
nerres qui éclatoient et rouloient à chaque
instant au-dessus de nos têtes : malgré notre
inquiétude , nous ne laissâmes pas de con-
sommer nos provisions.

Cette forêt de sapins appartenoit autrefois à la république de Sienne ; mais
lorsque cet état passa au pouvoir du grand
Duc , elle subit la même destinée. Son
éloignement des villes et de la mer , le
défaut de rivières navigables et de chemins commodes , et par conséquent la
difficulté et les frais considérables de
transport , la rendent bien peu utile à
la Couronne ; c'est ce qui fait qu'on l'a
négligée : de là , il est arrivé qu'un grand
nombre de cerres , de charmes et autres
arbres y ont poussés pêle-mêle , et s'opposent infiniment à la disposition naturelle qu'ont les sapins à devenir grands
et vigoureux. Si on vendoit aujourd'hui
cette forêt à quelques particuliers, il
seroit très-possible , si ces derniers en

vouloient prendre soin, de la rétablir dans son ancienne beauté.

Nous avons fréquemment trouvé dans cette forêt le *cratego torminale*, (cratægus torminalis) que les gens de la campagne appellent *ciavardello*. Ses fruits ou baies qu'on appelle aussi *ciavardelle*, sont gros comme des prunes sauvages, de couleur de feuille morte, doux et aigrelets au goût, et renferment un noyau. Quand on en mange une certaine quantité, ils enivrent bientôt, comme le feroit une liqueur spiritueuse prise avec excès. On y voit également croître le *taxus baccata*, qui par corruption, s'appelle *nasso* dans le pays. Notre guide ainsi que plusieurs *Pianois* nous assurèrent que cet arbre étoit un véritable poison pour les ânes, et que s'ils viennent à en manger les feuilles, ils périssent, sans qu'aucun remède puisse les sauver.

Après avoir examiné avec attention le *Pigelleto*, suffisamment mouillés par la pluie que nous venions d'essuyer, et peu curieux d'éprouver celle qu'un nouvel orage nous préparoit, nous nous acheminâmes par une autre route vers *Piano*. Sur la hauteur appelée *Campo tondo*, nous vîmes un grand nombre de couches considérables de pierre coltelline ou calcaire feuilletée.

Aussitôt que nous eûmes passé le torrent appelé la *Senna morta*, les *peperini* reparurent sur notre chemin : c'étoit une suite de la chaîne escarpée dont j'ai parlé, et qui s'étend sur les hauteurs de ce côté. Après l'avoir franchie, nous retournâmes à *Piano* par le chemin uni des châtaigneraies et de la *Madonna di S. Pietro*.

Mais le *Pigelleto* me fait ressouvenir que les *Pianois* ont la coutume, comme les habitans de *S.ᵃ Fiora* de planter tous les ans un mai au milieu du bourg. Des jeunes gens robustes vont exprès au *Pigeletto* couper un beau sapin, et l'apportent sur leurs épaules jusques à *Piano*, où ils le plantent ; l'empressement avec lequel

ils sont accueillis, sur-tout de la part des
femmes, est d'autant plus grand, que le
mai qu'ils apportent est plus beau, plus
élevé et plus gros.

Minéraux de Pigelleto.

Grès où dominent les molécules calcaires
qui en forment spécialement le ciment.
*Cette pierre forme le noyau, ou si l'on
veut, la charpente du mont du Pigelleto et du Roccone qui y est situé.*

Plantes de *Pigelleto.*

Pinus picea.	Chrysanthemum leucanthe-
Carpinus betulus.	mum.
Fagus sylvatica.	Euphrasia officinalis.
Cratægus monogyna.	Cornus mascula.
Prunus spinosa.	——— sanguinea.
Mespilus pyracantha.	Pteris aquilina.
Fraxinus ornus.	Daphne laureola.
Quercus robur.	Helleborus viridis.
Acer pseudo-platanus.	——— fetidus.
Cratægus torminalis. Ciavar-	Acer campestris.
dello.	Ilex aquifolium.
Lonicera periclymenum (1).	Digitalis lutea.
Conysa squarrosa.	——— ferruginea.
Viola odorata.	Asphodelus ramosus.
Coronilla emmerus.	Echinopus sphærocephalus.

Sanicula europæa.

Cratægus oxiacantha.

Dianthus plumarius.

Cerastium alpinum.

Arabis alpina.

Hypnum crispum *ϐ* (2).

Sur les arbres.

Lichen farinaceus.

————— proboscideus.

————— perlatus.

————— calicaris.

————— fraxineus.

————— prunastri.

————— floridus.

————— plicatus.

————— barbatus.

Lichen jubatus.

Hypnum curtipendulum.

Lichen ciliaris.

————— tenellus Hagen.

Bryum rurale.

————— setaceum.

Lichen caperatus.

————— saxatilis.

Dans un lieu nommé la *Gattaja dei Piscinelli.*

Taxus baccata. Nasso.

____

(1) *Lonicera periclymenum, capitulis ovatis, imbricatis terminalibus ; foliis deciduis omnibus distinctis; corollis ringentibus.* Linn. edit. Gmel.

————————— *capitulis ovatis, imbricatis, terminalibus ; corollis ringentibus ; foliis deciduis glabris oppositis ; petiolis connatis.* (Nobis)

Cette plante est d'un vert obscur ; ses tiges sont assez fortes pour se soutenir d'elles-mêmes. Ses fleurs

Q 4

réunies en tête sont disposées sur trois ou quatre
rangs séparés par de petites bractées rouges. Les feuilles
sont ovales, aiguës; leur principale nervure et ses
veines sont rouges. Les corolles sont d'un rouge
décidé à l'extérieur, et blanches à l'intérieur. Elle
fleurit aux mois de mai et de juin, et est très-sdorante.

(2) Elle diffère de la variété *a* de l'*hypnum crispum*
en ce qu'elle a les rameaux et les pinnes ou paires de
feuilles plus étroites. Cette variété s'est trouvée très-
souvent en fleur; mais nous n'avons jamais vu fleurir
l'autre.

CHAPITRE XVI.

Préparation de la glu du Montamiata.

LA glu, comme je l'ai dit plus haut,
forme un objet d'industrie et de commerce
pour les habitans peu aisés de ce pays,
sur-tout pour ceux de *Castel del piano*,
de *S.ᵃ Fiora*, de *Piano* et de l'*Abbaye*.
Il ne sera donc pas hors du plan que je
me suis proposé, de donner une idée
de la manière dont on la prépare.

On tire la glu du fruit du gui des
châtaigniers, sur lesquels cette plante

parasite croît avec force et vigueur. On la trouve dans ce fruit toute formée par la nature : c'est ce suc visqueux et demi-transparent qui, renfermé sous l'écorce, enveloppe les semences auxquelles il sert en même temps de défense et d'aliment.

On cueille le fruit du gui dans les derniers jours d'août et au commencement de septembre. Quand il n'est pas absolument mûr, il donne une couleur verte à la glu, qui alors a moins de ténacité ; pour être bonne, elle doit être parvenue à pleine maturité, et alors elle est d'un vert-jaunâtre.

Après avoir séparé les fruits des branches et des feuilles, on les laisse se flétrir pendant quelques jours. Quand on veut en extraire la glu, on met tremper le gui dans de l'eau chaude pendant un ou deux jours, selon qu'il est plus ou moins flétri ; ensuite on en prend plusieurs livres que l'on met cuire dans un chaudron, avec assez d'eau pour qu'il en soit totalement couvert. Après le premier bouillon, on retire le chaudron du feu , on fait couler l'eau , et on en retire le gui déjà cuit : on le porte sur un billot ou sur une grosse table , puis on le bat avec un morceau de bois aplati , jusqu'à ce que tous les fruits étant brisés , se réduisent en une masse pâteuse. Ensuite on lave cette masse dans un ruisseau ou au moins dans une eau que l'on renouvelle souvent, en la frottant continuellement avec les mains , quand il y a peu de matière et qu'elle est maniable , ou bien avec les pieds quand la masse est trop considérable. On la rebat de nouveau , on recommence à la lever , et on la froisse encore pour achever de la purifier. Plus on renouvelle ces opérations , plus la glu devient parfaite. C'est par ce moyen que l'on parvient à la purger des écorces et des semences. L'eau sert en même temps à la dépouiller d'une substance extractive et colorante qui , dont la présence rendroit la glu plus foible et moins pure.

Elle perd beauconp de son poids; mais comme d'un autre côté elle est plus puri-fiée et plus tenace, elle acquiert en bonté ce qu'elle a perdu en quantité.

Voilà toute la préparation de la glu dans ce pays, d'où on la porte aux foires de septembre et d'octobre; elle s'y vend d'autant plus cher qu'elle est plus mûre et plus purifiée : mais elle est toujours d'un prix inférieur à celle que l'on fait avec le gui de chêne dans d'autres pays. Cependant malgré son infériorité, le débit en est très-assuré.

Elle sert non-seulement à la chasse des oiseaux pendant l'automne, mais encore à envelopper le pied de la vigne ou d'autres arbres fruitiers, pour les garantir des vers, des pucerons, des chenilles, et d'autres insectes propres à gâter ou à dé-truire les espérances des cultivateurs, et la glu barre le chemin.

J'ajouterai à la préparation de la glu, l'extrait de l'analyse que j'en ai faite.

La glu que l'on vend, au moyen des lotions réitérées qu'elle a subies, a déjà été dépouillée de la partie saline qui peut exister naturellement dans le gui , et de deux substances extractives, l'une simple, l'autre colorante.

Malgré cela , j'en ai encore retiré, par nouvelles lotions dans l'eau, une petite quantité de ces deux substances. Après cette seconde préparation, j'ai versé, sur cent grains pesans de glu bien desséchée au feu, autant d'alcohol ou esprit de vin qu'il en falloit pour la couvrir entièrement; il n'y a produit aucun effet sensible.

Alors j'ai mis ce mélange en digestion au bain de sable : l'alcohol a bientôt annoncé son action, en pétillant fréquemment, s'est coloré, et la glu s'est ramollie.

L'alcohol de cette préparation , après avoir été filtré et évaporé jusqu'à siccité, m'a donné six grains de matière colorante résineuse verdâtre.

J'ai mis ce résidu insoluble dans l'alcohol en digestion au bain de sable avec de l'huile de lin cuite : il s'y est bientôt formé un bouillonnement avec beaucoup d'écume, et en peu de temps la glu a été entièrement dissoute.

L'acide sulfurique versé sur la glu parut d'abord n'y exercer aucune action, mais ce mélange mis en digestion au bain de sable, la glu s'y est ramollie, divisée, rembrunie, et parvenue à siccité, y est devenue comme une résine noire.

La même chose est arrivée en éprouvant la glu avec l'acide nitrique et muriatique. Seulement l'acide nitrique y a manifesté sur le champ une certaine action, en y développant quelques bulles d'air. Le résidu de la digestion réduit à siccité, a toujours été une masse semblable à de la poix noire.

La soude dissout aussi une petite partie de la glu, et cette teinture alcaline est de couleur rougeâtre.

La glu mise sur des charbons ardens, brûle avec flamme, et laisse un très-petit résidu terreux.

J'ai mis une certaine portion de glu en distillation au feu nu. A un petit degré de chaleur, il s'en est élevé un flegme chargé de l'arome de cette glu, et il se répandoit bien loin en vapeurs, en humectant l'alonge et le balon qui servoient de récipient, mais sans le moindre indice d'acide ou d'ammoniaque.

Ces vapeurs étant cessées, j'ai augmenté le feu; alors j'ai vu passer dans la distillation une huile très-colorée, grossière, pesante et fétide. Dans le même temps, il s'en est développé un fluide aériforme qui étoit du gaz hydrogène.

J'ai trouvé dans la cornue, un résidu ou *caput mortuum* de couleur noire, chatoyant, spongieux, très-léger; et qui, bouilli pendant long-temps dans l'eau distillée, ne m'a pas donné le moindre atome de sel; ce qui n'est pas étonnant, puisque, comme j'ai noté ci-dessus, les lotions multipliées qu'a subies la glu, doivent en avoir enlevé toutes les parties salines.

Il résulte donc de ce travail, que la glu est une vraie substance résineuse, insoluble dans l'eau et dans l'alcohol, mais très-soluble dans les huiles par expression; et que ses principes sont une matière extractive simple, une matière colorante extractive, une matière colorante résineuse, et une grande dose de substance purement résineuse, et de plus sans doute, une partie saline enlevée par les lotions réitérées.

CHAPITRE XVII.

Voyage de Piano *à l'abbaye de* S. Salvador.

Nous quittâmes *Piano* le 24 au matin, et nous nous acheminâmes vers l'abbaye de *S. Salvador*. Dans le trajet assez court d'environ quatre milles, qui est la distance qu'il y a entre ces deux bourgs, nous traversâmes de très-belles châtaigneraies; qui réjouissoient le voyageur par la grande quantité de fruits dont elles étoient chargées, et plus encore le propriétaire animé par la perspective d'une abandante récolte.

Vers la moitié du chemin, nous visitâmes un lieu appelé la *Vena dell'argento*. Sur cette route et même un peu en dessous, nous trouvâmes des morceaux de *gabbro* ou ophyte tendre, friable, à demi-décomposé à fleur de terre, mais plus compacte et plus dur sous terre. Nous en recueillîmes quelques fragmens quoiqu'ils ne continssent rien de rare. L'éclat de ces pierres et des petites écailles dont elles sont parsemées tout autour, a fait donner à ce lieu, comme je l'ai dit, le nom de *Vena di argento* parmi le vulgaire qui par-tout voit l'or et l'argent auquel il rêve sans cesse. (*)

____

(*) On m'avoit assuré avec beaucoup de certitude, que le *gabbro* tendre et luisant de ce lieu, contenoit de l'étain ; on disoit même en avoir retiré quelques portions de ce métal. Quoique je fusse persuadé du contraire, j'en fis différens essais avec les procédés ordinaires, et je n'en ai jamais obtenu autre chose qu'une masse vitreuse, noirâtre, sans la moindre apparence de matière métallique.

Nous

Nous avions été prévenus sur ces merveilles par des descriptions magnifiques; de manière que nous en avions la tête remplie: mais nous avons été bien souvent trompés dans nos recherches par des histoires exagérées et populaires. Tantôt on nous annonçoit une mine d'argent, tantôt un ruisseau qui charioit de l'or, tantôt un sable rempli de paillettes; ici c'étoit un métal magnifique; là, une curiosité, et là une autre; et nous trouvions, au lieu de tout cela, des *gabbri*, de petites parcelles de mica, des sulfures de fer, et d'autres bagatelles moins intéressantes encore.

On peut imaginer que nous revenions peu satisfaits d'avoir fait des courses souvent longues et difficiles pour suivre les indices que l'on nous donnoit, et pour ne rien trouver. Malgré cela, la plus grande probabilité de faire une course inutile, ne nous empêchoit pas de donner notre attention aux assertions des gens du pays, non pour les insérer dans notre

journal, mais pour voir par nous-mêmes,
et pour ne pas risquer de manquer d'observer quelque objet intéressant, par trop
de défiance et par crainte de nous donner
trop de peine.

Sous le *gabbro*, on découvre quelquefois une espèce de granit gris absolument
semblable à celui que j'ai observé à la
Pietra rossa sous *S.ª Fiora*. Il paroît que
ce granit formoit le noyau intérieur de
ces élévations, avant que le feu eût boule-
versé leur première structure et altéré
leur première composition.

A la *Vena dell'argento*, le chemin suit
et longe les limites des *peperini*, qui ne
s'apperçoivent plus au-delà, si ce n'est en
masses isolées et accidentelles, en bas,
sur le côteau et dans les champs qui
sont en-dessous, où ils sont tombés en
croulant de la partie supérieure. On voit
ici cesser, avec les *peperini*, les châtaigneraies, sur le bord desquelles le chemin
continue jusqu'à l'Abbaye, au-dessus des
champs dont nous venons de parler.

En sortant de cette route, et en descendant sur la droite, on voit régner
sur les côteaux inférieurs, ainsi que dans
les torrens voisins, la pierre calcaire à
filets entièrement de spath calcaire blanc.
Les intersections de ces filets rectilignes
spatheux, la masse même de la pierre et
ses cassures, offrent presque toujours une
figure romboïdale. Ainsi le pays situé
entre le *Montamiata* et *Radicofani*, est le
plus souvent parsemé de ces mêmes pierres
calcaires; et au milieu de ce pays, on
voit de temps en temps des champs ou
des côteaux étendus, et souvent composés de marne argileuse et bleuâtre.

Sur ceux qui avoisinent la ferme appelée le *Pogginole*, où passe le chemin
qui de la grande route de Rome conduit
à *Montorio* et à *Castellottieri*, nous trouvâmes des morceaux d'une roche silicée,
brune, qui à sa surface et plus encore
dans ses cavités renferme un très-grand
nombre de petits cristaux de roche, la
plupart bruns, mais toujours transparens

et formés constamment de deux pyramides héxaèdres, sans prisme intermédiaire. La transparence, l'éclat, la figure régulière et l'abondance de ces cristaux, donnent à la roche qui en est parsemée, un aspect superbe et très-riche.

Arrivés à l'Abbaye, nous fûmes très-honorablement accueillis par M. *Filippo Sarti*, dont la maison est toujours ouverte à l'hospitalité la plus généreuse.

Minéraux recueillis entre Piano *et* l'Abbaye.

Gabbro à écailles luisantes, ou ophyte tendre, friable et à demi - décomposé. *Alla Vena dell' argento.*

Granit composé de deux substances, trouvé sous la pierre précédente. *Ibid.*

Roche silicée brune, toute parsemée de cristaux bruns transparens, et dépourvue de prisme. *Sur les côteaux du Poggilone.*

CHAPITRE XVIII.

Abbaye de *S. Salvadore* et ses environs.

SANS perdre de temps, nous nous mîmes en campagne avec un guide bien expérimenté, pour visiter les environs de ce pays. Ainsi, en descendant au-dessous de la ferme de l'*Erosa*, par le chemin qui conduit aux vignes de *Rovignano*, nous vîmes disparoître les *peperini*, et succéder la pierre calcaire, fréquemment mêlée de cristaux de spath rhomboïdal. Les châtaigniers cessent aussi dans cet endroit; les côteaux inférieurs sont dépouillés d'arbres, et ne présentent que des champs à blé ou des pâturages.

Sur un de ces côteaux, précisément dans un quartier nommé *Pizzicajola*, nous trouvâmes des cristaux de roche transparens avec leur figure ordinaire de prisme

R 3

héxaèdre, terminés par deux pyramides
aussi héxaèdres. Ils sont ou renfermés dans
la roche à fleur de terre, ou détachés
et épars sur la terre, où ils ont été dispersés par les pluies et les eaux courantes
côtes.

Au dessous du bourg, dans un lieu appelé
les *Castagnetucci*, on voit des masses considérables de *peperino* gris, avec de grosses
veines rouges et noires dans toute leur
substance. En poursuivant notre chemin
au nord-est du village, entre le torrent
nommé le *Vivo* et la ferme de l'*Antea*,
précisément au-dessous de l'Abbaye, nous
trouvâmes dans un petit ravin la pierre
calcaire, et divers lits de schiste gris-noir;
mais en continuant notre route dans cette
direction, nous remarquâmes que le
peperino descend plus bas, jusqu'au torrent
appelé la *Pagliola*, (*) et remontant ensuite

____

(*) La *Pagliola* que l'on passe en suivant le chemin
qui est entre l'Abbaye et *Campiglia*, a sa source au-
dessus du *Rigale*, dans les côteaux les plus élevés
de la montagne. Elle descend au-dessous de l'Abbaye,

vers la ferme de l'*Accoria* et vers le *Rigale*, s'élève ensuite vers le *Poggellato* et vers le *Piano dei Renai*, dont nous avons parlé ci-dessus.

Après avoir ainsi observé les limites du *peperino* de ce côté, nous remontâmes au-dessus du bourg, et en avançant à travers les châtaigneraies, nous allâmes visiter les *Lame dell'acqua santa*.

On y voit dans un champ appartenant à M. *Allessandro Carli*, plusieurs sources d'eau minérale, appelées dans le pays *acqua santa*, (eau sainte). Deux d'entr'elles spécialement m'ont paru plus abondantes et plus fortes. Elles sortent de terre le long de certains fossés. Leurs eaux sont froides, et n'ont aucune exhalaison sensible de loin ; mais si on en approche de près, on sent une

reçoit les eaux de plusieurs autres torrens, se dirige ensuite vers le sud-est, se grossit insensiblement dans son cours, devient la rivière nommée la *Paglia* que l'on passe sur un beau pont auprès d'*Acquapendente*, sur la route de Rome, et va se décharger dans le Tibre.

R 4

odeur qui n'est pas forte, mais desagréable. Le goût de cette eau est un peu acide et astringent, et semble très-légérement ferrugineux. Elle dépose dans son cours et sur-tout auprès de sa source, une terre de couleur d'orange.

Je pris de ce sédiment orangé dans le petit fossé, où coule *l'acqua santa*, et l'ayant bien séché, j'y appliquai la pierre d'aimant, qui n'eut pas sur lui la moindre action. Exposé au feu, il y prit la couleur d'un rouge-brun, et devint en grande partie attirable par l'aimant. Au moyen des réagens chimiques, j'y découvris une portion prépondérante de fer, une assez petite portion de silex, et quelques atomes d'argile. Le fer se dissout dans les acides, par lui-même, sans aucune préparation préliminaire. Tandis qu'il se conserve ainsi en oxide de fer jaune, l'aimant n'y peut exercer aucune action sensible; mais exposé au feu, il perd son acide carbonique, au moins pour la plus grande partie, et y étant devenu éthiops martial, c'est-à-dire, oxide de fer noir, il y reprend la propriété d'être attirable à l'aimant, et communique à toute la masse une couleur plus foncée et permanente.

Le sol des prairies qui se trouvent en-dessous est également tout jaunâtre, et de même nature que le sédiment ci-dessus. Cela ne peut pas être autrement, attendu qu'avant que l'on eût fait les canaux de desséchement qui y ont été creusés depuis peu de temps, et avant que ce terrain eût été réduit en prairies où le foin croît en abondance, les eaux for-moient un véritable marais dans ces lieux, et déposoient ainsi sur toute cette surface leur sédiment orangé.

L'*acqua santa* étant employée en mé-decine comme apéritive et purgative, nous l'examinâmes au moyen des réagens chimiques, pour notre instruction par-ticulière. Tandis que l'on vantoit avec un peu d'exagération ses propriétés re-marquables, nous ne fûmes pas peu surpris de voir combien elle est peu

composée. Voici le résultat de nos expériences :

*TABLEAU des effets des réagens chimiques
sur l'acqua santa de l'abbaye de S. Salvadore.*

Réagens chimiques.	Effets de ces réagens.
Solution de tournesol. . .	Rougissement.
Eau de chaux. , ...	Blanchissement très-sensible qui disparoissoit d'abord, mais qu'une plus grande dose de ce réagent a rendu permanent.
Papier teint de *terra merita*	O.
Potasse	O.
Alcohol de savon	O.
Acide sulfurique.	O.
Acide oxalique de sucre. .	O.
Ammoniaque . . . . , . .	O.
Muriate de barite	O.
Acétite de plomb	O.
Nitrate d'argent	O.
——— de mercure	O.
Prussiate de potasse. . . .	Une couleur vert de mer permanent (*).
Alcohol de galle.	O.

(*) Il faut remarquer le vert produit par le prussiate de potasse. Ce même phénomène a lieu dans

Ainsi donc, d'après les effets des réagens chimiques, il semble que l'on peut conclure que ces eaux, lorsqu'elles sortent de terre, ne contiennent autre chose dans leur composition qu'une quantité considérable d'acide carbonique, et un petit nombre d'atomes de fer combinés avec cet acide qui le met en état de sel soluble dans l'eau. Si l'on tient l'*acqua santa* exposée à l'air libre, cet acide carbonique se dissipe bientôt, et l'eau perd son goût acidule ; dans ce cas, les atomes de fer qu'elle contenoit ayant aussi perdu une grande partie de l'acide carbonique, cessent d'être solubles, et doivent se précipiter en molécules d'oxide de fer jaune. En effet, j'ai trouvé cette espèce de

---

d'autres eaux semblables, où le fer existe en si petite quantité qu'il ne peut donner de précipité bleu prompt et sensible, qui, comme j'ai eu lieu de l'observer tant sur des eaux naturellement peu martiales, que sur des eaux que j'avois préparées exprès ; quelquefois il se manifeste à peine après un long repos, et quelquefois ne paroît jamais, cette couleur verte s'y conservant constamment.

sédiment, quoique dans une quantité à peine sensible, au fond d'une bouteille de cette eau que j'avois transportée et tenue pendant peu de temps ouverte.

Cette terre ferrugineuse jaune, ainsi déposée par l'*acqua santa*, m'a fait croire qu'elle est peut-être aussi l'origine des autres terres jaunes de *Piano*, de *Castel del Piano*, etc., ainsi que de la terre d'ombre.

Les eaux minérales ont vraisemblablement déposé peu à peu et couche sur couche ces terres ferrugineuses ; celles-ci, accumulées par la succession des temps, ont ainsi formé des bancs ou lits épais, tels qu'on les trouve aujourd'hui, tandis que les eaux minérales ont pris un autre cours, comme elles ont coutume de faire.

La fatigue et l'appétit ordinaire ne nous permirent pas de continuer nos courses pendant cette journée.

Nous étant remis en chemin le 25 au matin, nous allâmes visiter une fontaine d'eau minérale qui s'appelle dans le pays *acqua forte* ou *acqua puzzola*, et que l'on voit sortir du fond d'un petit bassin, au-dessus des *lames* de l'*acqua santa*. Voilà ce que nous y pûmes observer presqu'en passant.

Cette eau est froide et exhale une odeur sulfureuse, ou, pour me servir d'une expression vulgaire, sent les œufs pourris. Elle est très-acide au goût, et n'est cependant pas très-désagréable. Elle rougit la teinture de tournesol, perd par le repos son odeur sulfureuse, et enfin dépose dans son cours, tout près de sa source, un sédiment grisâtre d'apparence terreuse, mais qui est dans le fait un vrai soufre provenant de la décomposition du gaz hydrogène sulfuré, qui s'échappe continuellement de cette source avec l'eau qui en découle. Il suffit d'avoir indiqué la nature de cette eau minérale, pour juger avec raison qu'elle doit être excellente à l'extérieur dans le traitement des maladies de la peau.

Nous trouvâmes dans les environs quelques morceaux de *peperino* qui, blanchâtre, peu cohérent et d'un grain luisant, ressembloit à une masse de sel. On voyoit dans sa substance des *lapilli* , (*) et des filamens ou attaches vitreuses, qui prouvoient de plus en plus l'origine volcanique du *peperino*.

En montant ensuite vers les hauteurs de la grande montagne , par les châtaigne-raies , à deux ou trois milles de l'Abbaye, on trouve un ancien hermitage que l'on nomme aujourd'hui par corruption, l'*Ermeta*. Dans cet endroit, entre les roches de *peperino* , nous vîmes de gros morceaux de lave micacée , limoneuse , très-ressemblante à celle que nous avions trouvée à *Castel del Piano* , et entre *Arcidosso* et *S.ᵃ Fiora*. Celle-ci n'en différoit qu'en ce que ses facettes micacées sont plus petites ; mais le plus ou moins de grandeur ou de largeur dans les facettes , ne forme pas une différence essentielle entre ces pierres , et

---

(*) On appelle *lapilli* en Italie de petits fragmens de lave celluleuse , ou de pierre-ponce, comme on en voit beaucoup au mont Vésuve.

il est très-vrai qu'elles se trouvent sur les deux côtés diamétralement opposés de la montagne. Au surplus, on ne la trouve qu'en petite quantité , tandis que le *peperino* forme la base ou le noyau du sol, et parvient de même, en s'élevant , à la hauteur de la grande montagne

On trouve en divers lieux de cette dernière , et sur-tout au-dessus d'*Arcidosso* et de l'Abbaye, une espèce de lave limoneuse , tendre, friable , dans laquelle se trouvent quelquefois incrustés des cristaux de schorl noir, doués des propriétés reconnues dans la tourmaline.

En revenant à l'Abbaye, nous parcourûmes le lit du torrent *Dono* , où on nous fit remarquer au-dessus du bourg, une source dont l'eau bue en quantité, le matin en été, a la vertu de purger copieusement, et est employée comme purgatif par les gens du pays. Elle n'a ni couleur, ni odeur, ni saveur sensibles ; si donc ses effets sont aussi prompts et aussi forts qu'on le débite, il faut croire qu'elle contient un sel cathartique, en quantité trop petite, pour lui donner une saveur bien sensible, mais suffisant cependant pour purger de suite, quand on en boit abondamment.

Auprès de cette source, il y en a une autre douée de la même vertu purgative, et employée comme telle. Ces deux eaux s'appellent dans le pays, l'une, *acqua braca*, et l'autre, *acqua brachetta*.

Le bourg de l'abbaye de *S. Salvadore* est compris dans le diocèse de *Chiusi*. Il y réside un *Potesta* ou juge subalterne pour les affaires civiles; et le Vicaire royal de *Radicofani* y étend sa juridiction pour le criminel.

Quoique ce bourg soit situé dans la plaine, il est mal bâti; ses rues sont étroites et obscures: et avec tout cela, il passe dans le pays pour le plus peuplé de la montagne. On porte sa population à deux mille quatre cents habitans.

Chaque famille y possède quelque terrain, soit en blé, soit en vigne, ou

en

en châtaigneraies ; avec cette différence, que les plus aisées font cultiver leur terre, et que les plus pauvres cultivent elles-mêmes la leur. Ce territoire, qui naturellement est peu fertile, se trouvoit trop petit et trop resserré par rapport à sa population qui va toujours en augmentant ; mais la suppression du monastère de Cîteaux, et la vente de ses biens qui ont été divisés et vendus en grande partie, aux habitans de l'Abbaye, leur a procuré des moyens de subsistance plus étendus.

Les châtaigneraies fournissent une grande abondance de châtaignes, qui, soit fraîches, soit sèches, ou réduites en farine, forment pendant une bonne partie de l'année, la principale nourriture du peuple, et est toujours l'objet d'un commerce assuré.

Les plus pauvres ont une autre branche d'industrie ; ils fabriquent, en plus grande quantité encore que le *Pianois*, des huches à paîtrir le pain, de petites chaises,

des bacquets, des barils, des pelles de
bois, des manches à bêche, &c. : le
tout, avec le seul bois de châtaignier
ou de hêtre, et sans y employer ni clou
ni aucune espèce de fer. La plupart de
ces ouvrages sont grossiers et faits à la
douzaine; mais la modicité du prix, et
l'usage qu'on en fait journellement dans
la province de Sienne, y rendent ces
objets d'un débit toujours certain.

Au-dessus du bourg, sur le torrent
Dono, il y a deux moulins à foulon :
ils servent à préparer les draps grossiers
que les femmes du pays y fabriquent
elles-mêmes pour vêtir leur propre famille, ou bien pour l'usage de ceux
qui, occupés aux travaux de la campagne,
les prennent en donnant en échange des
denrées de leurs possessions.

Aussi l'industrie et la grande frugalité
des habitans de l'Abbaye font, que malgré le peu qu'ils possèdent et même parmi
les plus pauvres, l'on ne connoît point
cette classe malheureuse et dégradée, qui,

vivant au jour la journée des aumônes et des secours des gens charitables, offre, sur-tout dans les villes, le spectacle triste et hideux de l'abandon et de la misère, et plus souvent encore de la paresse la plus effrontée et la moins pardonnable. Ce bourg a pris son nom d'une très-ancienne abbaye de Religieux de Cîteaux, située hors de son enceinte. Elle fut fondée, dit-on, dans le huitième siècle, par *Rotharis* roi des Lombards. Elle eut de la célébrité, s'accrut en richesses et en puissance; et dans les siècles d'ignorance et de barbarie, acquit la souveraineté et la juridiction de plusieurs pays circonvoisins. Il est à présumer que ces bons Religieux de l'ancien temps, ne pensèrent qu'à jouir, et s'inquiétèrent peu de transmettre à la postérité quelques monumens de leur puissance et de leurs richesses; car l'église et le monastère ne présentent rien de grand ni de magnifique. Aujourd'hui, les Religieux de Cîteaux de *Montamiata* n'existent plus ; leurs habitations ont été louées à plusieurs familles qui n'en avoient point.

C'est dans ce monastère que l'on conservoit cette célèbre Bible qui, depuis peu d'années, a été transportée à la bibliothèque *Laurentiane* de Florence. Elle est écrite en caractères majuscules sur grand velin, de la main du moine *D. Servandus*, du temps de St. Grégoire le grand, et est regardée par sa beauté et par son antiquité, comme un monument très-précieux.

Dans la belle saison, les environs du bourg sont charmans et délicieux. Le sol est presque toujours uni, vert, abondant en herbes, arrosé par des sources limpides et qui ne tarissent jamais, et orné de châtaigneraies magnifiques et tenues avec un grand soin, parmi lesquelles nous remarquâmes des châtaigniers d'une hauteur et d'une grosseur prodigieuses. Les habitans, dans leur langage ancien et singulier, appellent *castagnu bucu*, ceux de ces arbres qui sont les plus gros, et dont le tronc se trouve intérieurement vide, de manière à pouvoir offrir un asile et une retraite aux gens de la campagne, quand ils sont surpris par quelqu'orage.

A peu de distance du monastère, nous vîmes dans la châtaigneraie un pilastre à quatre faces, avec des inscriptions, en mémoire de ce que le Pape Pie II avoit coutume de se reposer et d'expédier même quelques affaires dans ce lieu, à l'ombre d'un grand châtaignier, qui, après avoir existé pendant plusieurs siècles, et après avoir enfin péri de décrépitude, a laissé un rejeton qui annonçant la plus belle végétation, est fort gros et très vigoureux. On sait que Pie II, fuyant l'épidémie pestilentielle qui dévastoit Viterbe, vint avec toute sa cour, passer les chaleurs de l'été à l'abbaye de *S. Salvadore*, en 1462 (*).

____

(*) Voy. Comment. Pii II, lib. 9.

On raconte dans les Commentaires de ce Pontife, que ses courtisans, en chassant dans ces environs, virent plusieurs fois des cerfs qui, effrayés et poursuivis par les chiens, se réfugioient précipitamment sur les plus grandes hauteurs de la montagne.

Il est vraisemblable que ces courtisans ne connoissoient pas les cerfs, ou bien qu'ils s'amusoient, au retour de la chasse, à raconter des choses merveilleuses et des événemens exagérés, selon l'usage ordinaire des chasseurs. Ce n'est point un pays à cerfs; les animaux que l'on a pris pour tels (si toutefois on l'a vraiment cru ainsi) étoient sans doute des chevreuils que l'on voit fréquemment sur ces montagnes. Les seuls quadrupèdes sauvages remarquables qui y vivent sont les lièvres, les renards, les porc-épics et les blaireaux. Le porc-épic cependant s'y trouve rarement, sur-tout du côté de *S.ᵃ Fiora*, et vers le couvent de la Trinité. Les blaireaux viennent en été chercher un asile agréable et sûr dans des trous entre les masses de *peperino ;* ensuite ils émigrent, et descendent dans le pays de la *Maremme* pour passer l'hiver dans un pays moins froid.

Minéraux des environs de l'Abbaye.

Peperino à veines rouges et noires. *Aux Castagnetucci, au-dessous de l'abbaye de S. Salvadore.*

Peperino à demi-décomposé. *Aux environs de l'abbaye de S. Salvadore.*

Terre chargée d'oxide jaune de fer. *Dans le petit fossé où coule l'eau sainte, au-dessus de l'Abbaye.*

Cristaux de roche. *Auprès de Pizzicajola, sous l'abbaye de S. Salvadore.*

Cristaux striés de feld-spath blanc, tirés des *peperini* du *Montamiata.*

Cristaux blancs transparens de feld-spath. *Parmi le sable des torrens du Monta-miata.*

Morceaux de carbure de fer trouvés entre les *peperini* dans divers endroits du *Montamiata.*

Plantes des environs de l'Abbaye.

Sous le bourg le long du *Vivo.*

Chelidonium majus.
Æthusa cynapium.
Mentha sylvestris.
———— *rotundifolia.*
Veronica beccabunga.

Veronica anagallis.
Lamium album.
Scutellaria peregrina.
Cardamine impatiens.

Aux *lame dell'Acqua santa.*

Lythrum salicaria.
Osmunda regalis.
Juncus effusus.
Orchis maculata.
Rumex acetosa.

Senecio sylvaticus.
Juncus articulatus 6 (1).
Polytrichum commune α *majus.*
Hypnum ripariem.

---

(1) *Juncus articulatus* β. Sa hauteur est de deux pieds, et quelquefois de deux pieds et demi. Son épi est plus diffus que dans la variété α. Les péduncules sont plus divisés, et les capsules plus ramassées, et de couleur jaune-rouge. Les articulations des feuilles ne sont pas aussi sensibles ; il faut les comprimer avec les doigts pour les distinguer.

Les variétés de cette espèce, décrites par Linné, ne sont pas bien déterminées. Nous n'en avons jamais trouvé d'autres que les deux dont nous venons de parler, et nous ne croyons pas qu'il en existe d'autres ; et M. de Lamarck ne parle que de ces deux-là dans sa Flore Françoise.

CHAPITRE XIX.

Coup d'œil général sur le Montamiata.

Avant de quitter le pays volcanique de cette montagne, qu'il me soit permis de jeter encore un coup d'œil sur l'aspect général qu'elle présente, sur l'antiquité des temps où elle remonte, sur les lieux où étoient autrefois les bouches qui vomissoient des flammes, et sur les vicissitudes qu'elle a souffertes par le laps de temps.

Pour s'en former plus facilement une juste idée, je vais donner, sur la marche ordinaire des volcans qui existent aujourd'hui et sur ceux qui sont éteints, quelques observations générales qui pourront n'être pas ici hors de propos, inutiles pour ceux qui sont peu versés dans l'histoire de ces grands phénomènes. C'est sous ce rapport, que je me flatte que les Savans déjà exercés dans cette sorte de matière, voudront bien me pardonner cette digression.

Il semble donc qu'au commencement, la force des feux souterrains, en exerçant leur action contre les obstacles que leur présente la croûte terrestre, parvient à la soulever au point d'altérer la direction et l'ordre des couches dont elle est composée, mais sans la faire éclater. (*)

Mais le feu, continuant ses efforts, et le sol ne pouvant plus se prêter à une dilatation et à un soulèvement ultérieur, est obligé d'éclater et de s'entr'ouvrir : c'est alors que l'on voit vomir ou tout-à-la-fois, ou en partie, la fumée, la flamme, les pierres, les terres enflammées, la lave, les sels, et les autres

____

(*) C'est ainsi que l'on vit en 1707 cette petite isle, voisine de l'*isle de Santorine*, s'élever du fond de la mer. Peut-être est-ce ainsi que se sont formées diverses montagnes, qui, par le désordre de leurs couches presque ruinées, et par des crevasses et soulèvemens inégaux, annoncent les incendies souterrains qui les ont ébranlées.

matières que la terre renfermoit dans son sein. Ces matières sont ou inaltérées, ou décomposées, ou calcinées, ou ramollies, ou fondues, ou bien enfin transformées en de nouvelles combinaisons. C'est ainsi que s'accumulent amas sur amas; et plus la terre se creuse, plus la montagne prend d'accroissement. (*)

Cependant ces explosions multipliées, en rongeant continuellement les parois intérieures du volcan, en détachant et en entraînant toujours avec elles les matériaux qui les composent, finissent par affoiblir et diminuer de plus en plus les flancs du

(*) Nous avons dans l'histoire moderne une preuve de ce phénomène dans le *monte Nuovo* près de *Pouzzole* et du lac d'*Averne*. Au milieu des tremblemens de terre et des explosions volcaniques, en 1538, on le vit dans l'espace de deux jours s'élever d'un terrain bas et du milieu du lac *Lucrin*, autrefois si célèbre chez les anciens Romains, et qui est presque anéanti aujourd'hui : on a vu, il y a peu d'années en Islande, une montagne s'élever par les mêmes moyens, au milieu d'un lac qui s'anéantit et se dessécha tout-à-coup.

volcan qui enfin parvient à la plus grande élévation.

En cet état, les parois ne pouvant plus résister à la force et aux secousses des nouvelles éruptions, sont obligées de céder ; les flancs de la montagne s'entr'ouvrent, laissent un passage plus libre et plus facile aux matières enflammées, lancées par le volcan, et souvent ces bouches latérales et inférieures, font cesser les éruptions du cratère supérieur (*).

____

(*) Tel est dans ce moment l'état du mont *Etna* en Sicile. On voit dans ses flancs des cratères nouveaux et plus petits qui se sont ouverts à différentes époques, et qui, en détournant le cours des matières volcaniques, ont éteint le cratère principal qui se trouve au sommet de la montagne. Le Vésuve offre aussi des exemples de rehaussemens successifs, et d'affoiblissemens de ses flancs que la force du feu intérieur a fini par faire éclater. Lorsque je le visitai en 1786, on voyoit sur l'ancien sommet où étoit autrefois le cratère, une nouvelle montagne plus petite, formée par l'accumulation de sables volcaniques, de scories, de lave solide, de petites pierres-ponces ou lapilles, de sels, de soufre, et d'autres matières provenant des éruptions multipliées.

D'autrefois, ces parois affoiblies s'écroulent, s'affaissent, et engloutissent, en

---

Cette montagne avoit la figure d'un cône tronqué. Comme elle n'étoit formée en grande partie que par des substances incohérentes et mouvantes, et qu'elle étoit assez escarpée, il étoit fort difficile d'y monter. Le sommet de ce cône consistoit en une coupe large et profonde, ou en un cratère entouré de bords ruineux et éclatés sur quelques côtés ; mais il étoit un peu aplani du côté où je montai. Il avoit vomi, quinze jours auparavant, un torrent de lave fondue et enflammée du côté dégradé et ruiné, opposé à celui où je me trouvois alors.

En m'avançant sur le bord du cratère, je voyois de temps en temps, dans l'intervalle de quelques minutes, éclater tout ensemble et s'élever à une grande hauteur du gouffre par les bouches situées dans le fond, de la flamme, de la fumée, des terres et pierres enflammées, accompagnées d'abord d'un mugissement sourd, et au moment même de l'explosion, d'un fracas épouvantable semblable à plusieurs coups de tonnerre qui éclatent tous ensemble. Tel étoit alors le cratère du Vésuve ; et il est resté en cet état jusqu'à la fin de juin de l'année 1794. L'impétuosité de l'éruption, qui commença le 15 de ce même mois, fut si violente, que le flanc occidental de la montagne déjà affoibli et diminué par les secousses précédentes du volcan, éclata et vomit par cette nouvelle bouche un immense torrent de lave enflammée qui est allée

tout ou en partie, la masse du volcan;
et ce qui étoit une montagne devient
un vallon ou un abîme profond.

Quelquefois le sol ainsi affaissé, après
que l'incendie est cessé ou a changé
de place, reçoit continuellement dans
son sein les eaux qui entraînent avec elles
des terres des parties supérieures. Ces
eaux se philtrent, les terres restent et
aplanissent peu à peu cette profondeur;
mais elle conserve toujours la figure et
la cavité superficielle de l'ancien cratère. (*)

____

porter la désolation et la destruction dans les pays
situés en-dessous. Cependant, au milieu de l'explosion, des vapeurs, des terres, des gaz de la fumée et
de la flamme, le sommet du premier cratère croula et
s'affaissa au point où on le remarque aujourd'hui.

(*) Les *Astroni* qui étoient autrefois un vaste cratère
volcanique, et qui forme aujourd'hui une enceinte
boisée auprès de Naples : la coupe conique et
profonde de *Monte nuovo*, d'autres coupes semblables
que l'on remarque sur le sommet de plusieurs hautes
montagnes, et sans aller bien loin, telles que celles
du Vicentin et du Véronèse, le sommet plat et reten-
tissant de la solfature de *Pouzzole*, la vallée aplatie

Lorsque cette profondeur retient les eaux que le volcan y a peut-être vomies des entrailles de la terre au moment de de l'affaissement de la montagne , ou seulement les eaux provenant tant des pluies que des torrens circonvoisins , alors elle devient un lac qui par sa forme , par les bords ou crêtes de lave qui l'entourent , par la nature du sable de ses rives , et des terres adjacentes , prouvent perpétuellement qu'elle fut autrefois le cratère d'un volcan (*).

---

et fertile de la *Riccia* , et tant d'autres que je pourrois citer , sont du même genre , c'est-à-dire autant de vestiges desséchés et comblés , à la vérité , des cratères obstrués de volcans éteints. Il est vrai que la solfature est un peu différente par les soupiraux qu'elle conserve encore , et par lesquels elle exhale sans cesse des émanations (†) qui prouvent que l'incendie souterrain n'y est pas encore totalement éteint.

(†) **Ces** exhalaisons s'appellent dans le pays *fumeroles* : ce sont des jets de vapeur bouillante lancés avec impétuosité et avec une sorte de sifflement par les soupiraux. (*Note du Trad.*)

(*) L'Italie où je prends par préférence des exemples , abonde en lacs qui occupent aujourd'hui la place des anciens volcans. Soit que ceux-ci se soient élevés

Telle est la marche ordinaire que nous pouvons remarquer dans les volcans que nous voyons en feu de nos jours, et dans ceux qui, long-temps avant l'histoire et la tradition même, ont cessé de brûler et sont depuis restés toujours tranquilles.

Tâchons actuellement de faire l'application des observations ci-dessus, pour expliquer la nature et l'histoire du *Montamiata*.

Cette montagne isolée s'élève majestueusement à une grande hauteur. Ses racines sont entourées fort au large et à une grande distance, par des terres qui

au-dessus de la surface du continent, ou qu'ils se soient élevés du sein des mers, ils se sont éteints, se sont affaissés, et renferment aujourd'hui des eaux dans leurs cratères. Tels semblent être les lacs de *Bolsena*, de *Vico*, de *Monterosi*, de *Bracciano*, d'*Albano*, de *Nemi* dans l'État de l'Église. Tels sont ceux de l'*Averne* et d'*Agnano* près de Naples, et de beaucoup d'autres qu'il est inutile de citer. Ils montrent à celui même qui n'est pas du tout versé dans l'histoire naturelle, des signes évidens de leur origine, par les restes des matières volcaniques qui ont été vomies, par la figure qu'ils conservent, et par les lieux qu'ils occupent.

présentent

présentent clairement l'aspect d'un pays qui fut autrefois couvert des eaux de la mer.

Ici, l'on voit des amas d'une marne argileuse, blanche ou bleuâtre, souvent crevassée et éclatée, et formant des profondeurs escarpées. Là, sont des bancs de pierre calcaire ou des rochers continus de grès bleuâtre ou jaune, et d'un grain plus ou moins fin : auprès de ceux-ci, et souvent formant une même masse avec eux, dont la matière seule les distingue, paroissent les pierres *cicerchines* formées de cailloux infiniment petits, formant le passage insensible du grès aux poudings. Ceux-ci, en couches grandes et élevées, paroissent composés de petits cailloux plus ou moins émoussés, et arrondis par le roulement des eaux qui les ont transportés, et par l'agitation qu'ils éprouvèrent avant de former des amas pierreux, unis et amalgamés solidement ensemble. On voit, à peu de distance, et souvent même immédiatement succéder les tufs

T

ou roches sablonneuses, plus tendres et plus friables, dans la composition desquels on distingue parfaitement les sables, des fragmens de *zoophites*, de coquillages, et d'autres corps marins : mais ces coquillages, ces *zoophites* et ces dépouilles fossiles de corps marins se trouvent encore séparées de toute concrétion pierreuse, formant des couches distinctes, tantôt à la surface, tantôt dans l'intérieur de la terre, ou parfaitement entières, tant par rapport à leur substance que par leur figure, ou bien un peu altérées, et plus ou moins décomposées par l'action des dissolvans, ou enfin entièrement détruites, et représentées seulement par le noyau pierreux qui en occupoit autrefois la cavité intérieure, mais qui, par sa dureté seulement, a résisté à la décomposition et à la destruction. Quelques-unes de ces couches s'étendent absolument séparées et distinctes ; d'autres sont réunies ensemble, et entassées les unes sur les autres, le plus souvent avec ordre et symétrie.

Cependant, malgré l'antique action des dissolvans et des forces que la nature emploie pour tout changer, tout détruire et tout renouveler dans l'ordre physique; malgré l'action si répétée des pluies, des glaces et des orages; malgré l'impétuosité destructive des torrens, les ravages et les transports des fleuves; malgré les tremblemens de terre et de tous les météores qui altèrent et bouleversent si souvent la surface et la structure intérieure de la terre; enfin, malgré les injures du temps, et de la main des hommes mêmes qui, quoique lentement, prépare pourtant par des travaux soutenus et non interrompus de nouveaux changemens à la terre : tous ces amas et toutes ces couches, par leur aspect, leur disposition et leur composition, présentent encore à l'œil le moins exercé des caractères évidens de leur commune origine. Des fonds de mer, des dépôts et des sédimens successifs, des atterrissemens, des transports, des roulemens, des concrétions de substances marines, des vicissitudes enfin, et des changemens qui s'opèrent continuellement dans la profondeur des abîmes et aux bords de la mer, et qui dûrent absolument avoir lieu dans les pays d'où elle s'est retirée, et dans ceux qu'elle a abandonnés et laissés à sec : voilà ce que l'observateur y peut aisément remarquer.

Mais ces amas de sédiment argileux, ces rochers de pierre calcaire, de grès et de *cicerchina*, ces bancs de poudings, ces tufs, ces couches de corps marins que je ne fais qu'indiquer, mais sur lesquels je reviendrai dans un moment plus convenable ; enfin, tout vestige d'ancien encombrement de la mer disparoît aux lieux où commence le *peperino*, à l'exception de quelques morceaux de celui-ci isolés, et de transport. On voit ici succéder au pays de l'eau celui du feu, qui, sans interruption, continue jusqu'au plus haut sommet de la montagne. On n'y voit désormais de toutes parts sur ses penchans que des roches de *peperino*, tantôt

dur et compacte, tantôt tendre, friable
et en décomposition, sans apparence de
couches ou de bancs successifs : ce sont
alors des stalactites et des incrustations
silicées très-belles, qui doivent leur origine à la dissolution et à la décomposition du *peperino*, et sur-tout à celle du
feld-spath : des feld-spaths durs et parfaitement diaphanes, mais c'est le plus petit
nombre ; la plus grande partie ternis,
faciles à se rompre et à se réduire en
poussière, tantôt mêlés aux restes terreux
du *peperino* décomposé, et conservant
leur figure rhomboïdale, tantôt transportés par les courans, rompus, émoussés,
défigurés, abandonnés, et déposés dans les
lieux qui, étant plus aplatis et moins en
penchant, favorisent leur repos, et s'opposent à ce qu'ils soient entraînés plus
loin ; des paillettes de mica détachées
du *peperino*, ou mêlées avec la terre,
ou réunies ensemble par les eaux courantes, puis laissées à sec ; des sables
martiaux ayant beaucoup de rapport avec

T 3

la pouzzolane, vomis dans cet état par les anciens volcans, ou provenant de la décomposition des roches volcaniques, et qui ont été transportés et déposés ensemble dans divers points de la montagne, et sur-tout dans les vallons ou tout autre lieu aplati qui ont pu les arrêter et les retenir; des morceaux fréquens de carbure de fer, tantôt détachés et errans, tantôt renfermés dans des masses de *peperino* peut-être en même temps que le granit, le porphyre et la roche feld-spatheuse, vinrent se former par la voie humide avant l'existence du volcan; du fer réduit en sable fin, brun, luisant, très-abondant le long des ruisseaux, et qui semble tirer son origine de la dissolution du carbure de fer; des couches de farine fossile, provenant du *peperino* en dissolution, dissoute elle-même ensuite par les eaux, suspendue et séparée de cette manière des autres substances insolubles ou plus pesantes, puis déposée par le repos, et formant un sédiment fort étendu; de l'argile ochracée transportée par les eaux, et qui se trouve aujourd'hui par couches profondes de bol jaune et de bol obscur ou terre d'ombre : enfin, de toutes parts on ne voit que décomposition, dissolution et dégradation.

Au pied de ces restes ruinés de l'incendie ancien, on voit de divers côtés jaillir des sources d'eaux chaudes qui annoncent que, si le volcan a cessé ses explosions, le feu intérieur continue cependant d'exister ; celles même qui paroissent dans les lieux circonvoisins, et qui sont assez fréquentes à la distance encore de plusieurs milles du *Montamiata*, doivent peut-être à ces mêmes feux souterrains la chaleur qui les distingue.

Ainsi donc, ce seroit en vain que nous chercherions dans les restes de cet ancien volcan les scories, les pierres-ponces, les verres, les efflorescences salines et autres substances qui se trouvent si souvent et même en abondance dans les volcans actuels, et quelquefois aussi dans les décombres des volcans éteints. Ici, où le

volcan ne vomit jamais de matières semblables, ou bien celles qu'il lança dans ses
éruptions, furent tendres, fragiles, solubles,
et auront facilement cédé à l'action du
temps; ou bien, dissoutes par les eaux,
ou rongées et décomposées, elles seront
entièrement disparues par la succession des
siècles. Ce qu'il y a de vrai, c'est qu'aujourd'hui on n'en voit plus aucunes.

Au surplus, il me semble que la force
du feu volcanique venant à attaquer les
masses de granit, de porphyre et de feld-
spath, dont étoit formé d'abord le noyau
intérieur de cette espèce de terre, il a
dû, au moyen de son activité peu grande,
mais fort vive et subite, parvenir à en
altérer l'ensemble, à en rompre la dureté,
et à en diminuer tellement l'agrégation,
que le granit, le porphyre et le feld-spath
ramollis et raréfiés, furent forcés à sortir
par la bouche du cratère, et à couler
dans cet état jusqu'au moment où le calorique diminué en partie par le contact
des corps terrestres, en partie développé

avec les divers gaz qui accompagnent toujours de semblables éruptions ; enfin, dispersé en partie dans l'air atmosphérique, les a abandonnés : alors toutes ces substances refroidies se figèrent et se pétrifièrent, et formèrent des roches de *peperino* qui, d'abord couvertes peut-être d'une croûte plus raréfiée, plus poreuse, plus tendre, que le laps des temps a peu à peu fait disparoître, conservent encore aujourd'hui l'empreinte de leur origine et des effets du feu.

Je me figure donc que dans le temps que les eaux de la mer couvroient tout ce pays, comme l'aspect de ces lieux le prouve évidemment, le volcan qui s'alluma sous ces terres *submarines*, souleva toutes les couches terrestres qui étoient au-dessus de lui, et les força à s'élever au-dessus des ondes ; et qu'on vit alors paroître au milieu de la mer, et au-dessus de ses plaines la terre et le feu. Cependant, selon la marche ordinaire des volcans, cette montagne enflammée, sortie et élevée au milieu de la mer, continua à vomir des matières, et à s'accroître en dehors aux dépens de sa composition intérieure et profonde; par ce moyen, la croûte extérieure de la terre qui d'abord formoit le fond de la mer, étant soulevée, éclatée et rompue, laissa jaillir par ses fentes mêmes, devenues cratère du volcan, la masse ramollie et pâteuse du *peperino* qui la recouvrit tout autour dans une vaste étendue. Mais soit que la force d'éruption peu à peu diminuât, ou que n'étant plus proportionnée à une si haute élévation, elle cessât d'être capable de lancer les matières enflammées jusqu'au sommet du cratère, comme auparavant; soit que quelque éboulement de la bouche soit parvenu à obstruer le passage des éruptions; soit enfin que les parois intérieures du volcan, affoiblies à la longue, et rongées par la suite des éruptions, et cédant par le laps des temps à l'impétuosité de ces éruptions, soient venues à se fendre et à éclater dans les flancs de la montagne: la cime ou le cratère principal dût cesser ses éructations, et il dût s'ouvrir d'autres bouches sur les flancs mêmes de la montagne ; ce qui donna lieu à des cratères inférieurs et latéraux.

Enfin, vint le temps où le volcan, ne trouvant plus dans ses entrailles assez d'aliment pour entretenir ses feux, ni assez de matière à vomir, dut totalement s'appaiser, et ne conserva plus d'apparence de volcan que dans son aspect, sa structure, et dans les masses de matière que l'on trouve encore à sa cime et sur ses flancs.

Il est encore très-raisonnable de conjecturer que l'incendie du *Montamiata* dut être grand et très-vaste, mais aussi entièrement complet dans une seule fois, sans intermittences, sans renouvellemens ; car de quelque côté que l'on considère les masses de *peperino*, on n'y voit aucunes traces de couches, de superpositions de matières distinguées par des intervalles de temps, de parties détachées, et de différences dans les substances.

Au surplus, il est facile à celui qui observe attentivement cette vaste montagne, de voir que son cratère, plus grand, plus ancien et plus haut, a dû, par les raisons que j'ai données, se dégrader et se détruire de plus en plus, de manière qu'aujourd'hui à peine peut-on en trouver un seul reste dans les roches du sommet dégradées elles-mêmes, et ruinées, tandis qu'autrefois elles devoient, à mon avis, former une enceinte entière, continue et élevée, qui couronnoit tout autour le cratère primitif.

Aujourd'hui, ces masses énormes de *peperino* qui composoient cette grande crête, se voient sur les flancs ruineux de la montagne, culbutées confusément les unes sur les autres ; les unes entières, les autres en décomposition. Le plus grand nombre, dont on ne peut guère rendre compte, réduit en petits fragmens, en terres, en sables, et en molécules si fines, que les vents et les eaux, depuis tant de siècles, les ont dispersés de toutes parts, et offrent ainsi le spectacle hideux du désordre et de la destruction.

Les cratères secondaires de ce grand volcan, offrent les traces de ruines semblables. Le plus remarquable d'entr'eux, se trouve dans la *Valle Inferno* (que j'ai décrite, chap. XII.) qui est couronnée par les élévations du *Piaggione* et de la *Montagnola*, qui sont probablement un reste des bords du cratère même.

On en voit un autre dans la *Valle grande*, (voyez chap. VII.) qui est entouré par cette même *Montagnola*, et par ces élévations appelées les *Pinzi dell' Uccello*.

Un autre, non moins remarquable et peu éloigné du précédent, se trouve dans l'espace appelé la *piccola valle*. (voyez chap. VII.) Il a conservé sa forme concave, et est entouré de roches de *peperino*, qui élevées, mais interrompues par de grands affaissemens et par des fentes ruineuses, offrent les restes du bord ancien du cratère.

Au moyen de ces observations faites sur les lieux mêmes, et avec encore plus de détail que je ne le rapporte ici, je me rendois compte à moi-même de l'origine du site et de la dégradation de cet antique et immense volcan, que je crois fermement s'être élevé du fond des abîmes de la mer. Combien de fois ne me suis-je pas transporté en idée à ces époques si éloignées où il commença à s'élever au-dessus des flots, et où les matières s'entassant successivement les unes sur les autres, il porta son sommet à l'énorme hauteur où nous le voyons aujourd'hui, quoique dégradé par la succession des temps, à travers des torrens de flamme, de noirs tourbillons de fumée, accompagnés de mugissemens souterrains, d'éclairs, d'éclats de tonnerre, de tremblemens de terre, et enfin, de tout l'appareil majestueux qui ordinairement accompagne de semblables phénomènes ! Quel spectacle imposant et terrible devoit présenter une si énorme masse, un si vaste et si magnifique incendie ! Mais il n'y avoit peut-être pas alors de spectateurs dans ce pays, et la nature qui n'a pas besoin d'admirateurs, n'en consommoit pas moins là comme ailleurs l'œuvre de ses immenses laboratoires.

CHAPITRE XX.

Départ de l'Abbaye. Campiglia *et ses environs.*

ETANT partis le 26 au matin, nous visitâmes une source dont on racontoit des merveilles, éloignée de l'Abbaye d'environ deux milles.

Elle sort de terre, comme je l'ai dit ailleurs, un peu au-dessous du chemin qui conduit au *Vivo*, et entraîne avec elle des paillettes de mica jaune et brillant, provenant de la décomposition du *peperino*, ce qui lui fait donner dans le pays le nom fastueux de *fontaine d'Or.*

Revenus sur nos pas, et ayant pris le chemin qui conduit de l'Abbaye à *Campiglia*, nous côtoyâmes d'abord les *peperini*, que nous laissâmes bientôt sur notre gauche: là, ils se dirigent vers le *Pogellato* et la plaine *dei Renai*, et s'étendent jusques au *Vivo*, comme je l'ai déjà noté. Au *peperino*, nous vîmes succéder de toutes parts la pierre calcaire, tantôt en masse et lisse, tantôt avec des filets, et quelquefois fissile et lamelleuse.

Nous descendîmes ensuite dans la vallée qui est au-dessous du *Zoccolino*, au-dessus des bains de *St-Philippe*, puis en remontant vers *Campiglia*, nous trouvâmes des spaths calcaires très-blancs, les uns à surfaces égales, et à stries parallèles; les autres tuberculeux, en groupes mamillaires et botritiques.

Sur la côte appelée la *Gessajola*, on voit de grandes masses de pierre séléniteuse, tantôt blanche, tantôt grise avec des veines blanches. Les habitans de *Campiglia* s'en servent pour préparer le plâtre (*gesso*);

ce

ce qui a fait donner à l'endroit le nom de *Gessajola*.

Nous trouvâmes encore dans ce lieu, à la surface de la terre, ou en la creusant légérement, de petits cristaux de roche détachés, isolés et formés, les uns de deux pyramides héxaèdres réunies à la base, quelquefois aplaties et à facettes inégales; les autres, de deux pyramides, avec un prisme héxaèdre au milieu. Peu d'entr'eux sont diaphanes et sans couleur: un mélange de matières héterogènes, les rend, en grande partie, noirs, impurs et opaques.

Ces cristaux se trouvent aussi en d'autres lieux du Siennois, et on les connoît sous le nom de *pietre cancanute*, *pietre dicone*, du *Mercati*, et d'*iridi nere* de l'*Aldobrandi* : mais elles ne sont autre chose que des cristaux de roche impurs.

En descendant de la *Gessajola* au torrent *Troscione*, qui se trouve précisément sous la colline de *Campiglia*, on voit de tous côtés de la montagne, des tertres, des travertins; et sur les côteaux supérieurs, à gauche,

V

les pierres calcaires fissiles, ou côltellines ordinaires, dont plusieurs sont dendritiques; et des schistes rougeâtres, friables, et très-tendres. Je vis ensuite un grand nombre de couches très-grandes de pierres semblables, auprès du bourg, et spécialement sur les côteaux du *Colombajo*.

Après être monté à *Campiglia*, nous logeâmes chez M. le docteur J. Baptiste *Scarzelloni*, qui nous en avoit prié avec instance, et qui nous y attendoit pour nous offrir l'hospice de l'amitié.

Le mont, où est situé *Campiglia*, se peut considérer comme un des flancs du *Montamiata*, qui est à son sud-ouest. Il offre peu d'objets intéressans pour le naturaliste. Son noyau est calcaire, ainsi que les roches qui s'élèvent fort au-dessus du sol. Nous y trouvâmes quelques morceaux isolés de manganèse noire, tels que nous en avions déjà trouvé ailleurs; quelques morceaux de brèche silicée, brune, très-dure, et des fragmens d'un jaspe rougeâtre, sans pouvoir rencontrer aucuns filons, ni couches, ni masses considérables de ces deux dernières substances.

Campiglia est un bourg très-ancien, possédé autrefois par les *Visconti*, qui y habitoient dans deux châteaux forts qu'ils y avoient construits ; ils y exerçoient pleine et entière souveraineté. Cette famille s'étant éteinte dans le quinzième siècle, cette souveraineté passa à la république de Sienne, qui depuis long-temps en inquiétoit les Seigneurs par des hostilités continuelles. Maintenant *Campiglia* consiste en une bourgade escarpée et mal bâtie, où l'on voit encore les ruines des deux anciens forts. L'un d'eux, qu'habitoient sans doute les Seigneurs, est situé dans le bourg même, et est singulièrement construit sur une vaste roche calcaire qui s'élève de terre perpendiculairement. L'autre est une tour pareillement bâtie sur une roche calcaire, située à un quart de mille environ de *Campiglia*, et s'appelle *Campigliola*. Il est difficile et même dangereux de monter sur ces deux forts qui sont en partie détruits, et dans un état continuel de délabrement et de ruine.

Ce bourg est du diocèse de *Montalcino*, il relève pour le civil de la potesterie de l'Abbaye qui en est à cinq milles, et du vicariat de *Radicofani* pour le criminel. Le nombre de ses habitans, en y comprenant la campagne, n'est pas de plus de huit cents ames. Ils sont industrieux, laborieux et sobres, comme le sont ordinairement les autres montagnards. La vente des fonds communaux leur a procuré le moyen de faire quelques acquisitions, et leur a ouvert de nouveaux moyens d'industrie et de culture ; de sorte que quelques pièces de terre ou de vigne qu'ils cultivent de leurs mains, et quelques parties de châtaigneraie fournissent à ces habitans une subsistance bien bornée à la vérité, mais dont ils savent se contenter ; on ne voit parmi eux ni misérables ni mendians.

Minéraux des environs de Campiglia.

Pierre à plâtre. *A la Gessajola, entre les bains de S.-Philippe et Campiglia.*

Pierre calcaire formant le noyau de la colline et des roches de *Campiglia.*

Cristaux de roche noire avec prisme ou sans prisme. *Sur la colline de la Gessajola, près de Campiglia.*

Manganèse noire. *Dans les champs, au-dessus de Campiglia.*

Spath mamillaire calcaire. *Au-dessous de Campiglia.*

Brèche silicée très-dure. *Dans les champs, au-dessous de Campiglia..*

Jaspe rouge à petites veines blanches. *Ibid.*

Pierres calcaires fissiles, ou coltellines dendritiques. *Sur les côteaux appelés le Colombajo, près de Campiglia.*

Plantes observées autour de Campiglia *et* d'Orcia.

Geranium columbinum.	*Pulmonaria officinalis.*
Achillea ageratum.	*Alopecurus paniceus.*
Sinapis arvensis.	*Cynosurus echinatus.*
Nigella Damascena.	*Achillea millefolium.*
Marrubium vulgare.	*Dactylis glomerata.*
Heliotropium Europæum.	

CHAPITRE XXI.
De la culture des châtaigniers.

La beauté, l'étendue et l'utilité des châtaigneraies que nous avons parcourues, nous ont donné l'idée de nous informer de la manière dont on les cultive, et dont on les élève dans le pays. Persuadés que ces détails ne déplairont pas aux amateurs de l'économie rurale, ne fut-ce que pour servir de point de comparaison, j'ai jugé à propos d'en former un Chapitre séparé, avant de quitter la région et le pays des châtaigniers.

Les châtaignes forment le plus grand et le plus important revenu que la nature et l'art fournissent aux habitans du *Monta-miata.* Tendres ou mûres, fraîches ou sèches, crues ou cuites, réduites en farine et empâtées en *nicci*, en *castagnacci*, (*) en

____

(*) Espèce de pâte ferme faite avec la farine de châtaigne.

beignets frits, ou réduites en *polenta* (*),
elles fournissent toujours un aliment sain,
agréable au goût, et facile à digérer. La
polenta sur-tout est l'aliment favori et
le moins dispendieux du peuple : elle est
si nourrissante, que les gens adonnés
aux ouvrages les plus pénibles, comme
à scier le bois, à manier la hache ou
la pioche, ne mangent pas autre chose
que de la *polenta*, et ne boivent que
de l'eau ; et aussi ils disent en plai-
santant, qu'ils vivent de pain de bois
et du vin des nuées. Avec cela, ces gens
sont sains, forts, robustes et capables

___

(*) Bouillie de farine de châtaigne faite sur un feu
clair dans une chaudière. Lorsqu'elle a suffisamment
bouilli, on la retire du feu ; on décante une partie de
l'eau qui surnage, et on pètrit la farine avec l'eau qui
reste, en la remuant assez long-temps avec un gros
bâton. On la réunit ensuite toute ensemble en forme
de pain au moyen d'une spatule de bois ; puis on remet
le chaudron sur le feu pour un instant, après quoi
on renverse la *polenta* sur une nappe saupoudrée
de la même farine, pour qu'elle ne s'y attache pas,
et on la coupe en tranches avec un fil, car elle doit
conserver une mollesse pâteuse.

V 4

de résister à des travaux si rudes et si continuels, que les ouvriers de la plaine les plus vigoureux et les mieux nourris en seroient effrayés.

Ces montagnards se sont attachés particulièrement à la culture des châtaigniers dont les fruits et le bois leur procurent tant d'avantages : et sans chercher dans quel temps on a commencé à introduire ici cette branche d'industrie rurale, (recherche inutile, et pour laquelle on ne sauroit former que des conjectures peut-être encore mal fondées) j'observerai seulement que la culture des châtaigniers s'est fort étendue dans les deux derniers siècles, et plus particulièrement encore de nos jours, depuis qu'une main puissante, prévoyante et bienfaisante a donné une impulsion heureuse à l'activité des habitans qui étoit comme assoupie.

Les jeunes plants de châtaigniers provenans de pépinières, ou des châtaignes tombées au hasard dans les bois, ou bien les rejetons provenans des racines ou des souches des anciens arbres, que la vétusté ou leur stérilité a condamnés à être abattus, servent à remplacer les vieux, à en accroître le nombre, et à étendre les châtaigneraies.

Leurs pépinières sont établies dans un terrain naturellement gras, meuble, et qui se perfectionne à force de travail et d'engrais. On le dispose en sillons, comme on fait dans les jardins potagers ; dans les mois de décembre, de février ou de mars, on y sème les châtaignes, la pointe en haut, à la distance d'environ deux pieds les unes des autres, et on les couvre d'un pouce de bon terreau.

On emploie pour ces pépinières, des châtaignes sauvages, les plus belles et les plus fermes, parce qu'on a remarqué que les châtaigniers, provenans de marrons et de châtaignes greffées, deviennent également sauvages, et ne sont pas aussi vigoureux.

S'il ne survient pas de gelée, et si elles n'éprouvent pas de dommages par les animaux, ces châtaignes germent et lèvent dès le printemps suivant. Pour cette première année, elles ne demandent d'autre soin que celui de creuser et d'ameublir la terre autour des jeunes plantes, et de les rechausser légérement avec cette même terre.

Dans la seconde ou la troisième année, il faut non-seulement les rechausser avec de la terre meuble, mais si celle-ci est devenue stérile et épuisée, il faut y ajouter une petite quantité de fumier.

Après la troisième année, on coupe les divers rameaux qui croissent autour de la tige principale : on en laisse seulement un ou deux tout au plus à la pointe, parce que restant seuls à pomper les sucs nutritifs du pied, ils en sont d'autant plus vigoureux, et en croissent d'autant plus vîte.

On répète cette opération une seconde fois dans l'année, jusqu'à ce que le jeune arbre, parvenu à la hauteur d'environ huit pieds, soit en état d'être transplanté ; ce qui a ordinairement lieu au bout de la cinquième ou sixième année.

Au mois de mai, ou bien en août et en septembre, on prépare les fosses pour transplanter les châtaigniers ; elles sont quarrées et ont trois pieds de large de chaque côté, sur deux de profondeur. Quand ces fosses ont été creusées, on les laisse en cet état, exposées à l'ardeur du soleil et à la pluie, pour que la terre soit, en quelque manière, pénétrée par la chaleur, et en devienne plus accessible aux racines de la jeune plante. Peu importe que le sol soit pierreux ou non, il suffit qu'il soit sec, sain et meuble.

Après la mi-novembre, on enlève avec soin les jeunes plants de la pépinière, et on les met tout de suite dans les fosses que l'on a préparées, en étendant délicatement leurs racines, pour qu'elles puissent se répandre aisément dans le fond de la fosse. On couvre ensuite ces mêmes racines avec des feuilles pourries de châtaigniers, ou à défaut, avec toute autre espèce d'engrais, puis on remplit la fosse avec la terre qu'on en a retirée, et on l'amoncelle en forme de butte au-dessus du niveau du sol, autour du jeune arbre, au pied duquel on plante un gros pieu de châtaignier auquel on l'attache, et qui lui sert de soutien. Chaque année, on rechausse ces jeunes plantes, et on entoure le pied de nouvelle terre et de nouveau fumier.

Deux ou trois ans après avoir été transplantés, ces châtaigniers sont ordinairement en état d'être greffés. Pour cela, on coupe, au mois d'avril, des branches fraîches de châtaigniers, sur ceux dont on préfère la qualite, et on les conserve dans le fumier de fougère ou de feuilles de châtaignier pourries, que l'on nomme dans le pays *pattume*; puis au mois de mai suivant, on greffe ces branches *en flûte* sur les jeunes arbres; on a le plus grand soin d'en élaguer tous les jets sauvages qui, ou étoufferoient la greffe, ou lui enlèveroient une grande partie des sucs nourriciers. On élague ainsi ces arbres deux fois pendant la première année, c'est-à-dire au mois de juin et vers la fin d'août, et une seule pendant les trois ans qui suivent.

Ces greffes ainsi soignées, commencent à donner du fruit au bout de trois ans, et au bout de huit ans, dix ans au plus, l'arbre donne une pleine récolte.

La culture des châtaigniers, pour le reste du temps, se borne à les tenir propres, à en couper les branches sèches ou qui se gâtent, comme on fait aux autres arbres fruitiers.

Quant aux jeunes châtaigniers, poussés spontanément et au hasard dans la châtaigneraie, et provenans des châtaignes qui sont tombées, on les élève sur le lieu de leur naissance, pour les greffer aussi dans leur temps, ou bien on les transplante dans des lieux plus convenables, lorsqu'ils ont atteint la hauteur d'environ quatre brasses, pour les greffer de la même manière que nous venons de décrire.

Il faut remarquer que ces châtaigniers, venus ainsi spontanément, lorsqu'ils ont été bien soignés et tenus bien taillés , sont préférables aux autres, pour la transplantation; ils poussent avec plus de vigueur, parce qu'ils sont garnis de racines plus nombreuses, plus souples et plus superficielles.

Enfin , de la souche des châtaigniers vieux et caducs, il pousse des rejetons qui, lorsqu'ils sont élevés et taillés avec soin , réussissent très-bien et remplacent avec avantage le tronc principal, qui souvent tombe de lui-même, ou que l'on coupe comme stérile. On greffe ces sujets comme les précédens , et on les soigne comme nous venons de le rapporter.

Cependant, il y a plus d'avantage à élever des rejetons de vieilles souches, ou bien les jeunes plants qui ont cru d'eux-mêmes , qu'à semer et élever des sujets dans la pépinière , car outre l'économie de la transplantation , ces rejetons et ces jeunes arbres spontanés , sont plus prompts à croître et à donner du fruit, que ceux que l'on a semés. Les châtaigniers spontanés dévancent ordinairement ces derniers de deux ans; et ceux provenans de rejetons, sont plus hâtifs de quatre ans.

Une partie des châtaignes se mangent fraîches, elles se conservent dans cet état pendant l'hiver, pour la consommation des habitans de la campagne, et des autres pays où elles ne sont pas moins estimées. On en dessèche la plus grande partie, dans des espèces d'étuves qu'ils appellent *seccatoi*, et dont un grand nombre sont construites dans les châtaigneraies même. Ces petites étuves ou *seccatoi* consistent en une chambre divisée en deux parties, par des solives posées horizontalement à huit pieds au-dessus du terrain. Sur ces solives est posée une grille ou plutôt une claie d'une seule pièce formée de petites lattes larges de deux travers de doigt, à un doigt de distance les unes des autres.

On étend sur cette claie un lit de châtaignes de quatre pieds au plus de hauteur.

On allume le feu dans la partie inférieure du séchoir, et on tetourne les châtaignes jusqu'à ce qu'elles soient entièrement sèches : alors, on les retire et on les
bat pour leur enlever leur écorce et leur
pellicule ; lorsqu'elles sont bien blanches
et bien sèches, on les envoie ensuite
au moulin pour en faire de la farine.

Mais pour conserver la farine que
l'on ne consomme ou qu'on ne débite
pas tout de suite, on la met dans des
caissons ou coffres de bois, où on l'a
foule et comprime avec tant de force,
que pour l'en retirer, on est obligé d'y
employer le fer ; et pour qu'elle s'y
conserve mieux, on couvre cette farine
ainsi comprimée, d'un léger lit de cendre.

Trois mesures de châtaignes fraîches,
rendent une mesure de châtaignes sèches ;
et ces dernières, si elles sont bien fermes

et

et bien pleines, rendent presque une mesure de farine.

Une partie de cette farine se consomme dans le pays même, mais le restant s'envoie au dehors, et particulièrement dans la *Maremma*, où on la recherche beaucoup pour l'usage des laboureurs pendant l'hiver, et sur-tout pour les bergers.

CHAPITRE XXII.

La Val d'Orcia, *la* Rocca, Castiglion d'Orcia, *et retour à* Pienza.

La journée du 26 fut plus que suffisante pour reconnoître cette partie du territoire de *Campiglia*, dont nous avions déjà parcouru une grande partie dans les premiers jours de notre voyage.

Nous commençâmes donc, le 27 au matin, à descendre par la route qui conduit à la *Val d'Orcia* et au grand chemin de Rome, souvent errans à tra-

X

vers les champs et les broussailles ; mais dans tout le cours de ce trajet, nous ne découvrîmes d'autres minéraux que des pierres calcaires, avec des veines spatheuses, et quelquefois des cristaux de spath calcaire dont la forme approche de celle d'un prisme rhomboïdal.

Au reste, quoique de ce côté il y ait plusieurs champs à blé et des pâturages pour le bétail, le terrain en général dégradé, dépouillé, aride et pierreux, a un aspect triste et désagréable ; il est en effet pauvre et stérile. Mais en descendant plus bas, nous trouvâmes la plaine fertile qu'arrose dans toute sa longueur la rivière *Orcia*, qui lui donne le nom de *Val d'Orcia*. Ces champs formés par le terrain le plus substantiel qui descend des collines et des hauteurs qui les dominent, sont extrêmement gras, et rapportent beaucoup de blé d'une qualité excellente. C'est par cette raison que cette vallée a toujours été regardée comme le pays le plus riche et le plus fertile de l'état de Sienne. Nous l'avions déjà traversé en allant de *Pienza* aux bains de *S. Phi-lippe*; pour cette fois, lorsque nous fûmes arrivés au grand chemin de Rome, en prenant la route de *Castiglioni* et de la *Rocca*, nous la parcourûmes dans toute sa longueur, tantôt côtoyant, tantôt traversant la rivière *Orcia*, suivant la direction de son cours; car son lit, vaste et pierreux, étoit presque à sec, parce qu'il y avoit long-temps qu'il n'avoit plu. Il n'en est pas ainsi dans les temps pluvieux, et sur-tout quand la pluie vient de l'est au nord de la montagne. On voit alors cette rivière réunir dans son lit, qui a près d'un quart de mille de large, toutes les eaux des torrens et des côteaux des environs, se gonfler & s'é-tendre; souvent elle déborde et inonde les campagnes voisines. C'est pour éviter les obstacles et les dangers auxquels elle exposoit les voyageurs sur le grand chemin de Rome, qu'on a détourné un peu celui-ci de son ancienne direction, et qu'on l'a conduit vers un lieu, où l'*Orcia* se trouve resserrée par deux monts voisins, entre la *Rocca d'Orcia* et le *Bagno di Vignone*: il y existoit déjà un pont ancien et fort étroit, mais on l'a, depuis peu de temps, fortifié, élargi, et si bien rétabli, qu'il offre en tout temps aux voyageurs, un passage sûr et commode.

Avant d'arriver à ce pont, nous nous écartâmes un peu du grand chemin de Rome, et nous montâmes vers la droite, sur le mont où sont situés la *Rocca d'Orcia* et *Castiglion d'Orcia*. Cette petite montagne ne peut absolument pas être comprise dans le groupe qui constitue le *Montamiata* et ses dépendances. Mais comme c'étoit le seul endroit, entre la grande montagne et la rivière *Orcia*, que nous n'eussions pas visité, et que dans l'aspect général du *Montamiata*, ces hauteurs se présentent comme si elles en étoient un embranchement, nous aurions cru notre voyage et nos recherches incomplètes, si nous n'eussions pas été prendre une exacte connoissance de ces lieux.

Étant donc arrivés à la *Rocca d'Orcia*, nous fixâmes notre domicile chez mon bon ami M. *Antonio Borgognini*, qui par bonheur pour nous, y étoit arrivé de Sienne, pour visiter quelques possessions qu'il a dans le pays. Cette rencontre fut d'autant plus précieuse pour nous, que l'accueil le plus amical fut accompagné d'entretiens fort intéressans, et qui annonçoient un esprit orné de beaucoup de connoissances.

L'ancien bourg de la *Rocca d'Orcia* est situé sur l'extrémité septentrionale d'un mont escarpé, rocailleux, et fort maigre, qui s'étend dans sa longueur du nord au sud. Il est établi sur une suite de rochers calcaires, où on le voit presque en ruine et fort mal bâti. Du côté du midi, la roche calcaire s'élève beaucoup au-dessus du niveau de la terre ; c'est là que fut autrefois établi un fort, dont on voit encore les murs extérieurs, régulièrement polyèdres, et construits de pierres calcaires, bien jointes et bien équarries. Cette sorte de magnificence est d'autant plus singulière, que cet endroit ne pouvoit être qu'un lieu de retraite ; et qu'à raison de la difficulté locale et de l'élévation du rocher, il a fallu des peines et des travaux énormes, pour y transporter les matériaux nécessaires, pour y bâtir.

La roche calcaire, qui forme le noyau de cette partie saillante de la montagne, se voit très bien du côté du couchant du bourg ; on l'apperçoit moins bien du côté du levant, sous l'enceinte des murs, où elle est d'ailleurs comme rechaussée, et couverte par des amas d'une terre d'un rouge-brun, mêlée de petites pierres calcaires, anguleuses, qui probablement recouvroient anciennement toute la crête du mont, qui n'est aujourd'hui qu'un rocher nu et isolé par les dégradations continuelles, au moyen desquelles les terres des lieux élevés sont entraînées dans les vallées inférieures, et finissent par les combler.

Du côté du nord, où, comme on l'a vu, se termine la montagne, le rocher est presque taillé à pic, et s'élève perpendiculairement depuis les champs qui se trouvent au-dessous, à une hauteur prodigieuse et inaccessible; il est entier, presque tout d'une pièce dans sa partie la plus élevée, et divisé dans le bas en couches de quatre à cinq pieds d'épaisseur, qui seroient horizontales, si elles n'avoient une légère inclinaison de l'ouest à l'est. Au reste, les campagnes qui sont au-dessous sont encombrées dans le plus grand désordre, de masses et de quartiers de pierres calcaires, écroulées et qui se détachent continuellement du sommet de cette roche ruinée.

La *Rocca* étoit autrefois fortifiée par l'art, et mieux encore par la nature, dans un temps où le canon n'étoit pas encore devenu le fléau des forteresses. Après avoir souffert différentes vicissitudes de la guerre, et passé successive-

X 4

ment au pouvoir de divers seigneurs, elle devint partie de la république de Sienne. Mais dans son origine, elle servit au même objet que plusieurs forts et forteresses semblables, lorsque dans des siècles d'anarchie, chaque seigneur, soutenu d'une troupe de gens désespérés et capables de tout, et s'érigeant en souverain d'un canton, tâchoit de se faire, dans un lieu difficile et presque inaccessible, un asile contre les représailles de ses voisins.

Cet endroit est aujourd'hui un bourg, dont la population ne s'élève pas au-delà de trois cents quatre-vingt-dix personnes, en y comprenant la campagne. La *Rocca* ainsi que *Castiglione* qui sont tout près, sont du diocèse de *Montalcino*; ils relèvent l'un et l'autre du potestat ou gouverneur de *S. Quirico* pour le civil, et du Vicaire royal de *Pienza* pour le criminel.

Les territoires de ces deux bourgs très-voisins, se confondent l'un avec l'autre, et sont tous les deux montagneux, pierreux, maigres et difficiles à cultiver. L'industrie qui ordinairement se développe d'une manière sensible dans les pays les plus stériles, y est active et n'est pas sans succès ; c'est par elle que l'on voit les croupes de cette montagne, couvertes de champs à blé, de vignes et de plantations nombreuses d'oliviers, dans lesquelles on remarque, sur-tout du côté de la *Rocca*, des oliviers très-gros, très-anciens, et malgré leur vétusté, vigoureux et portant des fruits en abondance.

En continuant de monter sur le sommet de la montagne, du côté du midi, on rencontre *Castiglion d'Orcia*, éloigné de la *Rocca* d'environ un demi-mille.

Castiglion d'Orcia étoit autrefois une forteresse, ayant un bourg qui lui étoit annexé. Il existe encore aujourd'hui, sans renfermer rien de remarquable ; il peut contenir environ six cents cinquante habitans, en y comprenant ceux de la campagne ; mais la forteresse ou citadelle est aujourd’hui plus qu’à demi-détruite ; elle conserve cependant la majeure partie de ses murs extérieurs, qui sont très-élevés, et régulièrement polyèdres. Ils sont construits de pierres calcaires bien jointes et bien équarries ; ce qui démontre, jusques dans ses ruines, l’empressement et la magnificence qu’employèrent ses premiers seigneurs à sa construction.

Le bourg ainsi que le fort sont établis sur la roche calcaire, beaucoup plus élevée hors de terre, au couchant, où elle est divisée en couches légérement inclinées à l’horizon. Parmi ces couches, on voit, de distance en distance, hors de terre, auprès des murs du bourg, des sillons presque verticaux de pierre calcaire fissile, de couleur ou brune ou rouge foncé, qui, au premier abord, se prendroient volontiers pour un véritable schiste.

Après avoir employé, pendant la chaleur du jour, ce qui nous restoit de la matinée à visiter les environs et les ruines de la *Rocca* et de *Castiglione*, nous repartîmes immédiatement après dîné, accompagnés d'un guide, et nous nous acheminâmes vers la partie la plus élevée de la montagne qui domine ce dernier bourg. A un mille de distance, nous trouvâmes le mont appelé des *Farinelle*. Là, ainsi que dans les autres parties de cette élévation, domine la pierre calcaire, avec de fréquens filamens de spath calcaire, quelquefois de quartz, et souvent même de cristaux de spath et de quartz mêlés ensemble.

On trouve aussi fort souvent dans ces lieux le spath rhomboïdal, peu transparent; mais on en trouveroit peut-être qui le seroit davantage, si on le cherchoit sous terre, où il n'est pas exposé aux injures de l'air.

Le mont des *Farinelle* tire son nom des stéatites, qui, dans le Siennois, se nomment *Farinelle*. En effet, on trouve un grand nombre de morceaux de ces pierres, au commencement de cette hauteur, du côté du midi. Elles sont blan-châtres, décolorées, et ont peu de consistance, lorsqu'elles ont été long-temps exposées à l'air libre ; elles sont plus dures et plus fortes en couleur, quand on les tire de sous terre : elles semblent provenir de la dissolution des *gabbri* ou ophytes, qui sont fréquens dans ces lieux, et qui sont tendres, faciles à se décomposer ; et dans lesquels on remarque les stéatites intimement mélangées.

En descendant ensuite au nord, par un pays escarpé et en friche, nous arrivâmes au torrent *Rigo*, qui, en roulant dans un lit tout dégradé et encombré de grosses masses de pierre calcaire, va se jeter dans l'*Orcia*, à l'extrémité de ces monts. Nous le suivîmes dans son cours, si ce n'est dans les endroits, où les rochers et les encombremens du torrent nous obligeoient de temps en temps à nous en éloigner, à quelque distance, pour nous avancer, tantôt dans le bois appelé les *Cetine*, ou bien dans celui que l'on

appelle la *Macchia buja*, à travers desquels passe le torrent, et qui le bordent
vers son extrêmité, c'est à-dire le premier
bois à droite, et le second à gauche.
Ces deux bois ou halliers, escarpés, très-
fourrés, et composés de chênes verts, de
lentisques et de filaria, sont l'asile de
quelques sangliers et de quelques chevreuils.

Ainsi donc, par ce pays souvent sauvage et toujours pierreux, et peu fertile,
nous étant rapprochés de l'*Orcia*, qui
de là va avec impétuosité se décharger
dans l'*Ombrone*, nous vîmes succéder,
aux bancs suivis et constans de roches
calcaires, la pierre de grès, granuleuse,
micacée et de nature silicée.

Retournant ensuite à l'est, en remontant le cours de l'*Orcia*, nous nous
approchâmes peu à peu de la *Rocca*,
où nous arrivâmes enfin à la nuit close,
extrêmement fatigués de la longue journée
que nous venions de faire, et sur-tout par

les difficultés et les fatigues de l'après-dîner, que la stérilité des lieux et la médiocrité de notre récolte nous faisoient encore ressentir davantage.

Le 27 au matin, nous partîmes à pied, de bonne heure avec notre guide, et remontant la croupe de la montagne, nous poursuivîmes notre route par le chemin de *Castel del piano*, jusqu'à une élévation dépourvue d'arbres et d'arbustes, dans une large étendue, toute pierreuse, presque entièrement stérile, et appelée, par cette raison, *il Poggio pelato*. Là, nous quittâmes le chemin et descendîmes à l'ouest, par un côteau inculte et pierreux, jusqu'au lieu, qui, à raison des éboulemens et des bords élevés et ruinés des ravins, porte le nom de *Greppalta*.

Dans un de ces ravins, nous trouvâmes de grosses masses de stéatites, enchâssées pour la plupart, dans une matrice de pierre d'un rouge-brun, tombant en décomposition, très-effervescente avec les acides, et qui, au moyen des réagens, a manisfesté beaucoup de fer, de chaux de magnésie, et un petit résidu silicé, qui entre aussi dans sa composition.

Ces stéatites sont, pour la plus grande partie, d'un vert foible, tirant sur le jaunâtre ; mais on en trouve aussi de noirâtres, qui souvent recouvrent d'un enduit luisant, la pierre calcaire qui y existe aussi.

Après avoir recueilli, dans tous leurs accidens, divers gros morceaux de ces stéatites, que nous fîmes ensuite transporter, nous remontâmes sur la montagne, et nous dirigeâmes nos pas vers la côte méridionale, opposée à celle-ci ; mais la stérilité et l'aridité des lieux, rendirent peu fructueuses nos recherches minéralogiques et botaniques.

Ayant eu avis ensuite, qu'aux pieds du mont, situé vis-à-vis et au midi de *Castiglione*, il y avoit quelques sources d'eau salée, quoique nous fussions un peu abattus et dégoûtés par la stérilité du lieu, par la chaleur du jour, et par la difficulté d'un chemin extrêmement escarpé et difficile, nous nous décidâmes cependant à y aller, pour ne rien laisser en arrière, et pour n'avoir aucun regret.

Nous passâmes l'*Onzola*, torrent qui roule dans son lit, des masses de pierre simplement calcaire, et coule dans le fond de cette espèce de bât renversé, jusqu'à la vallée d'*Orcia* qui est voisine, où il se jette dans la rivière.

Puis, montant sur la côte opposée, notre guide nous conduisit à un lieu voisin d'une ferme nommée l'*Acqua salata*, où étoit un petit filet d'eau, effectivement très-salée au goût. Cette eau, par une évaporation spontanée, laisse autour d'elle une efflorescence saline, d'un goût absolument semblable à celui du sel marin. Nous recueillîmes de ce sédiment salin, autant qu'il s'en trouva, pour l'examiner ensuite à notre aise.

Les

Les épreuves auxquelles nous le sou-
mîmes, nous assurèrent que ce n'étoit en
grande partie que du muriate de soude,
mêlé d'une petite portion de muriate
de magnésie, et une très-petite portion
encore de muriate de chaux, intimément
mêlés.

Ce petit écoulement étoit autrefois une
source plus abondante d'eau salée ; plusieurs autres semblables se trouvoient dans
cette campagne, au lieu nommé les *Fon-*
tanelle. Les pauvres gens du voisinage
avoient coutume de venir y puiser un peu
de cette eau, pour assaisonner la soupe
de leur ménage. Mais en 1767, année de
désastreuse mémoire pour la disette et
pour les maladies épidémiques, qui, pendant plusieurs mois, désolèrent la Toscane,
les Fermiers des finances publiques en
ayant eu connoissance, firent détruire et
tarir ces sources ; malgré cela, elles
ont toujours continué de filtrer depuis. Et
pour que ces malheureux paysans n'eussent

Y

plus, dans la suite, l'idée de préférer, pour
leurs minces repas, cette eau salée qui ne
leur coûtoit rien, au sel de gabelle qui
étoit trop cher, ils firent répandre parmi
ces infortunés, déjà épouvantés par l'épidémie, que ces maux ne pouvoient provenir que de l'usage de ces sources salées,
que ces missionnaires de la ferme leur
faisoient regarder comme un dangereux
poison. On ajoutoit à cela des raisons
plus déterminantes encore, telles que
des procès criminels, des saisies, des em-
prisonnemens, et autres poursuites semblables, suggérées sans doute par un zèle
sincère pour l'ordre et pour le bien public.
Et dans quel temps commettoit-on ces
vexations ? dans un temps où la famine
et une épidémie mortelle dévastoient la
Toscane et remplissoient ce malheureux
pays de misère et d'horreur. Cependant
la disette et l'épidémie cessèrent, au retour
de la belle saison ; et, au moyen des
mesures sages et bienfaisantes de l'im-

mortel *Léopold*, la famine s'éloigna de nous pour jamais ; et pour comble de bonheur, nous vîmes, peu de temps après, disparoître, par ses soins, le fléau de la finance, dont il ne reste plus de trace que dans le souvenir de ces temps malheureux, où l'on pesoit dans la même balance, la vie d'un homme, et une livre de sel ou de tabac.

Tout en faisant ces réflexions, nous prîmes un autre chemin, et après avoir repassé l'*Onzola*, nous trouvâmes, en divers lieux, la même stéatite en matrice d'un rouge-brun et en décomposition ; nous remontâmes à *Castiglione*.

Pendant le temps de la chaleur de l'après-dîner, nous achevâmes de reconnoître les environs de ces deux bourgs dont nous avons parlé, et après avoir mis en ordre la collection peu riche des plantes et des minéraux que nous avions rassemblés, nous prîmes, sur le soir, le chemin de *Pienza*, élolgné de là d'environ sept milles.

Ainsi, après dix-huit jours bien complets d'un voyage fatigant, et employés sans repos et sans interruption, quoique le plus souvent à pied et dans des lieux fort difficiles, nous arrivâmes sans accident, vers la nuit, à la ville de *Pienza*; où pour comble de satisfaction, nous trouvâmes toutes nos plantes et nos minéraux, arrivés des différens poirts de la montagne, en bon état, et sans aucune altération.

En nous occupant ensuite à les disposer et à les classer à loisir, ils nous rappellent les lieux que nous avons parcourus, les observations que nous y avons faites, les difficultés et les dangers passés ; et tout cela, avec une satisfaction, qui peut paroître légère et frivole à ceux qui ne s'occupent pas de ces objets, mais que pourront aisément apprécier, ceux qui s'adonnant par goût à l'histoire naturelle ,

savent par expérience combien sont ins-
tructives, combien sont intéressantes et
amusantes, les collections que l'on fait soi-
même en parcourant librement les campagnes, et en étudiant l'origine et l'état
véritable des productions de la nature.

Minéraux de la Rocca *et de* Castiglione
d'Orcia.

Divers morceaux de Stéatite. *Au-dessus de
Castiglione d'Orcia.*

Plantes observées à la Rocca *et à* Castiglione
d'Orcia.

En montant à la Rocca, *auprès de la Ferme
de* S. Piero.

Carthamus lanatus.	Cyclamen europæum.
Xanthium spinosum.	Clematis vitalba.
Ulmus campestris.	Lycium europæum.
Quercus robur.	

*En descendant vers l'*Orcia, *vis-à-vis*
la Ripa.

Santolina chamæ-cyparissus.	Centaurea calcitrapa.
Coniza squarrosa.	Gnaphalium stœchas.
Urtica dioïca.	Cratægus monogyna.
Iris Florentina fl. cærulea.	Ligustrum vulgare.

Lactuca scariola.

Euphrasia-odontites.

Sambucus ebulus.

———— nigra.

Acer campestris.

Rubus fruticosus.

Ulmus campestris.

Prunus spinosa.

Autour des rochers de la Rocca.

Buphthalmum spinosum.

Heliotropium Europæum.

Lichen caninus.

Quercus cerris.

Lichen cristatus.

———— pyxidatus.

Hypnum lutescens.

Poa compressa.

Plantago major.

Clinopodium vulgare.

Glechoma hederacea.

Lamium maculatum.

Au-dessous des rochers, du côté du nord.

Jungermannia epiphylla.

Arctium lappa.

Allium album. (1)

Ballota nigra.

Viola odorata.

Fraxinus ornus.

Chelidonium majus.

Hypnum cupressiforme.

Helleborus fœtidus.

Echium Italicum.

Campanula Medium.

Hypnum viticulosum.

Cerastium alpinum.

Melica ciliata.

Lichen lacteus.

Rosa canina.

Lichen miniatus.

Scolymus Hispanicus.

Eryngium campestre.

Colchicum autumnale.

Cornus mascula.

A la Castellara.

Teucrium scordium.

Juniperus communis.

Briza minor.

Cistus incanus.

Erica arborea.

Spartium junceum.

Thesium linophyllum

Au Poggio di Beccafumo.

Gnaphalium stœchas.
Juniperus communis.
Santolina chamæ-cyparissus.
Teucrium polium.
Eryngium campestre.

Spartium junceum.
Erygeron viscosum.
Globularia vulgaris.
Sthælina dubia.
Plantago graminiformis.

Sur la colline des Piscioroncelli.

Carlina lanata.
Pistacia lentiscus.

Phyllirea media.

Dans la Macchia buja, *sur le* Fosso del Rigo.

Phyllirea Media.
——— latifolia.
——— angustifolia.

Quercus ilex β. .
Arbutus unedo.
Rhamnus alaternus.

---

(1) *Allium album, umbellâ capsuliferâ, staminibus simplicibus, scapo nudo, triquetro, foliis radicalibus lanceolatis, carinatis, amplexicaulibus,* (nobis) Voyez la Fig. VII.

La hampe est haute d'un pied, triangulaire, avec deux angles aigus, et l'autre obtus.

Avant la floraison, l'ombelle, renfermée dans le spathe, est de figure ovale : le spathe est vert, et la hampe est pliée vers le bas, près de la moitié de sa longueur.

Dans la floraison, la hampe se redresse; le spathe devient d'un blanc scarieux, se fend d'un côté, et laisse paroître une ombelle à plusieurs fleurs. Les pédicules sont longs d'un pouce, les pétales sont blancs avec une nuance verte à l'insertion. Ils sont ovales, alternativement plus grands et légèrement crénelés.

Les anthères sont vertes; les fleurs ont une odeur semblable à celle du prunier blanc.

Les feuilles sont longues d'un demi-pied, larges de dix lignes au milieu. La bulbe est solide, charnue, et est entourée de bulbilles rougeâtres. La bulbe, les feuilles et la tige, pilées, exhalent une odeur d'ail nauséabonde. Cette plante fleurit en mars.

Fin du Voyage au Montamiata.

TABLE DES CHAPITRES

CONTENUS DANS CE VOLUME.

Fin de la Table.

Tom 1. Pl. 11

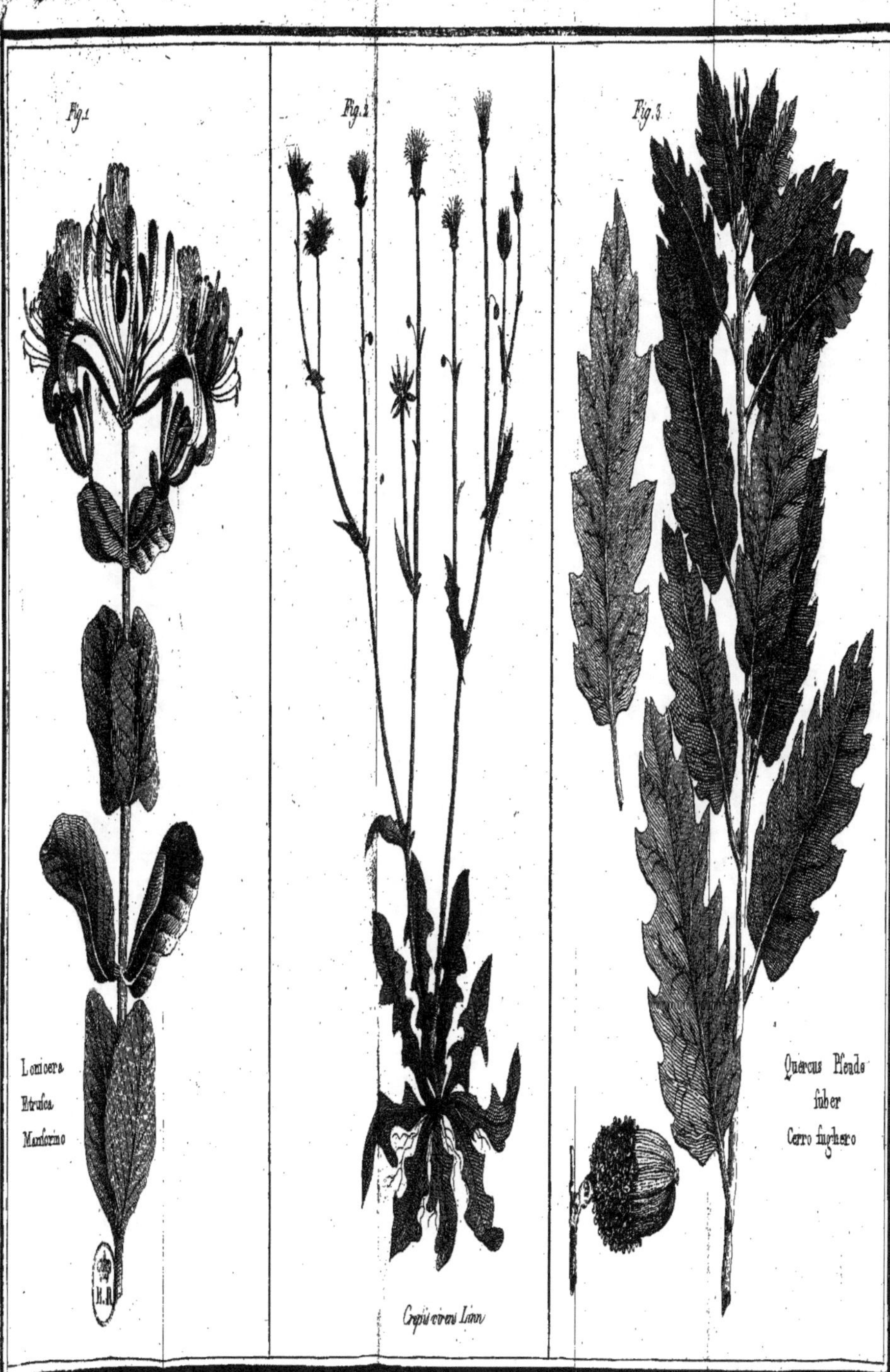

Fig.1
Fig.2
Fig.3
Lonicera
Etrusca
Manierino
Quercus Pfeudo
fuber
Cerro fugbero
Crepis errans Linn
Tomus Plt

1
Fig. 1
Fig. 2
B.

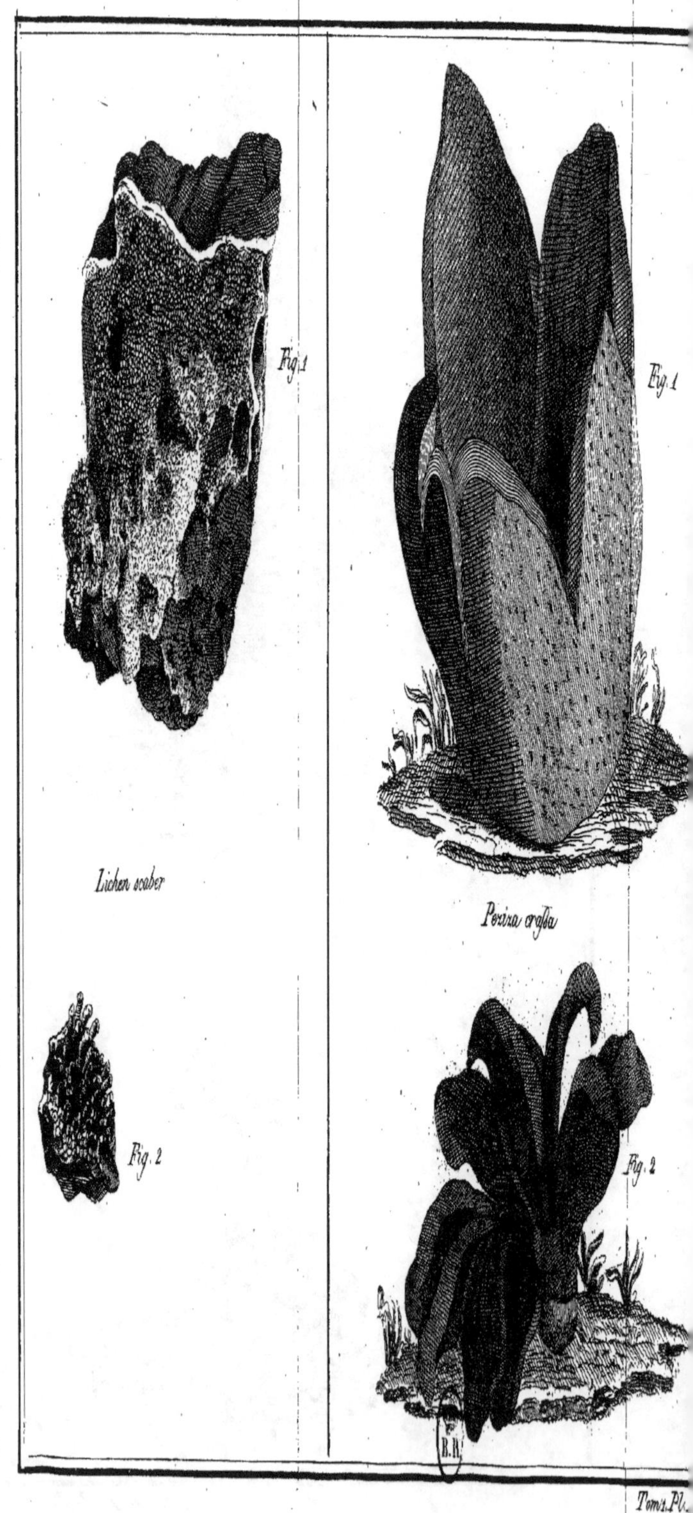

Fig. 1
Fig. 1
Lichen scaber
Peziza crassa
Fig. 2
Fig. 2
Tom.1.Pl.

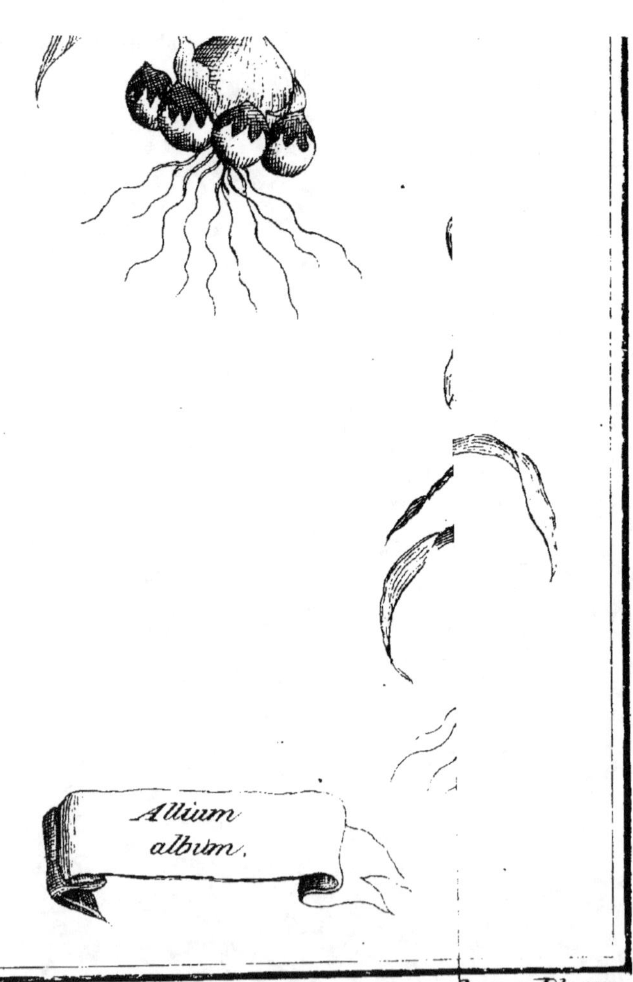

Tom. 1. Pl. 111.

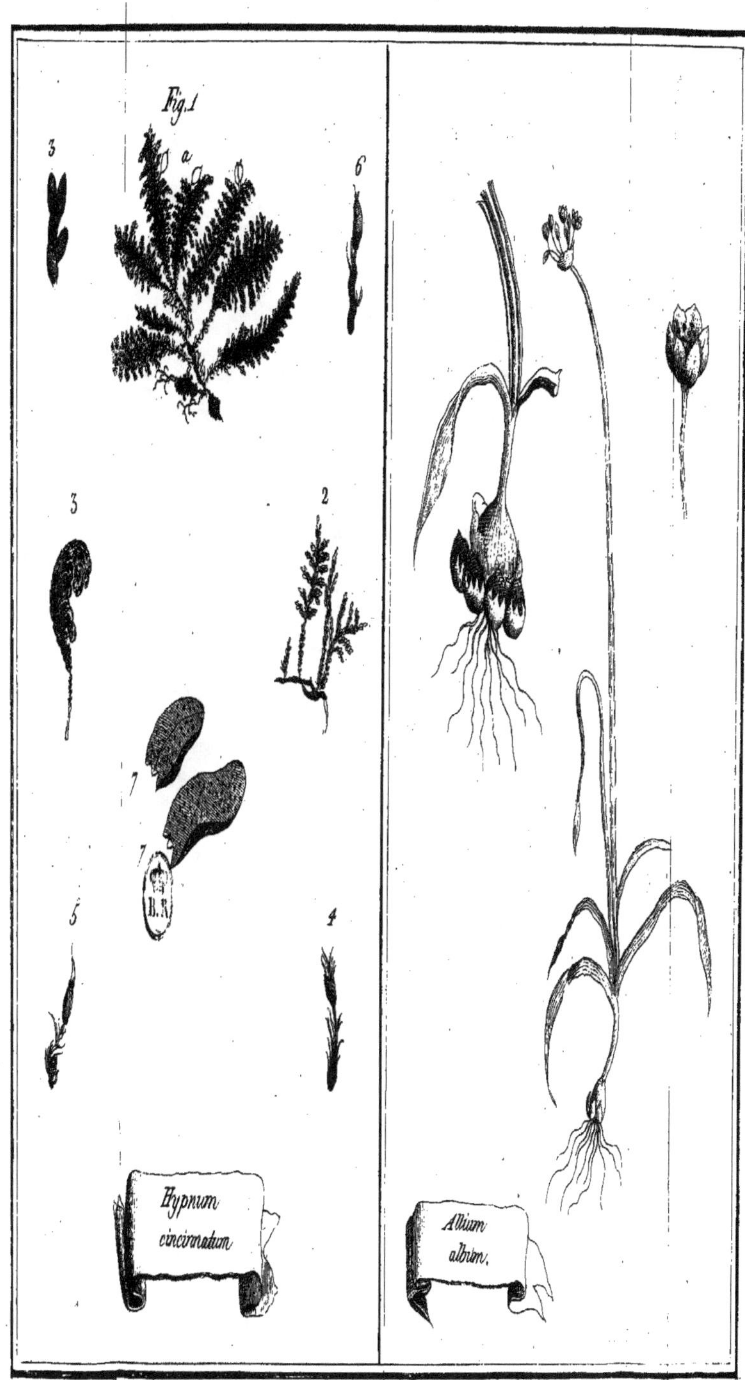

Fig.1
3
6
a
3
2
7
7
B.R
5
4
Hypnum
cincinnatum
Allium
album.
Tom.1.Pl.III